普通高等教育公共基础课系列教材

大学物理实验

主　编　王琦莲
副主编　张丽丽　　王晓军
参　编　张金爱　　肖丽珠　　景辉辉
　　　　刘文涛　　王燕锋

西安电子科技大学出版社

内 容 简 介

本书是根据高等工科院校物理实验教学基本要求编写的，主要内容包括绪论、测量误差与数据处理、基础性物理实验、综合性物理实验、设计与研究性物理实验，涉及力学、热学、电磁学、光学等内容。其中，基础性物理实验有 25 项，综合性物理实验有 15 项，设计与研究性物理实验有 4 项。

本书注重基础性、实践性和综合性，是一本可与"大学物理"课程配套使用的实验教材，适合高等学校理工科学生使用。

图书在版编目(CIP)数据

大学物理实验/王琦莲主编. —西安：西安电子科技大学出版社，2021.4
ISBN 978 - 7 - 5606 - 5958 - 9

Ⅰ. ①大… Ⅱ. ①王… Ⅲ. ①物理学—实验—高等学校—教材 Ⅳ. ①O4 - 33

中国版本图书馆 CIP 数据核字(2020)第 265406 号

策划编辑　万晶晶　刘统军
责任编辑　姚智颖　万晶晶
出版发行　西安电子科技大学出版社(西安市太白南路 2 号)
电　　话　(029)88242885　88201467　　邮　　编　710071
网　　址　www.xduph.com　　　　　电子邮箱　xdupfxb001@163.com
经　　销　新华书店
印刷单位　陕西天意印务有限责任公司
版　　次　2021 年 4 月第 1 版　2021 年 4 月第 1 次印刷
开　　本　787 毫米×1092 毫米　1/16　印张 11.25
字　　数　265 千字
印　　数　1～3000 册
定　　价　31.00 元
ISBN 978 - 7 - 5606 - 5958 - 9/O
XDUP 6260001 - 1

＊＊＊如有印装问题可调换＊＊＊

前　言

物理学是一门重要的基础科学，在高等院校，物理课是理、工、农、医及部分文科学生都要学习的基础课，而物理实验是物理课极为重要的有机组成部分。

物理实验覆盖知识面广，包含丰富的实验思想、方法和手段，同时能提供综合性很强的基本实验技能训练，在培养学生科学实验能力、严谨的治学态度、活跃的创新意识、理论联系实际和适应科技发展的综合应用能力等方面具有其他实践类课程不可替代的作用。

本书是根据高等工科院校物理实验教学基本要求，结合实际教学情况编写而成的，力求贯彻以学生为本的理念，注重基础性、实践性、探索性、开放性的有机统一，在突出基本技能训练的同时，也增设了综合性、设计与研究性实验，并且注重兼顾理工科各专业的教学应用。

本书有些实验给出了两种测量方法和装置，这并不是说在一次实验中每个学生都要掌握这两种方法，只是给教师提供了选择，既可以让所有学生做其中一种，也可以让一部分学生做其中一种，而另一部分学生做另一种。

本书由王琦莲、张丽丽、王晓军、张金爱、肖丽珠、景辉辉等共同编写，其中王琦莲编写了第 3 章的实验 3.7～实验 3.10，第 4 章的实验 4.7～实验 4.12，并和王晓军承担了统稿任务；张丽丽编写了第 3 章的实验 3.1～实验 3.6，第 4 章的实验 4.1～实验 4.6；张金爱编写了第 3 章的实验 3.17～实验 3.25，第 4 章的实验 4.14、实验 4.15 和第 5 章的实验；肖丽珠编写了第 1 章和第 2 章；王晓军、景辉辉共同编写了第 3 章的实验 3.11～实验 3.16，第 4 章的实验 4.13；刘文涛、王燕锋在收集和整理资料方面做了大量的工作。

本书是在 2014 年山西省高等学校精品资源共享课程"大学物理实验"的基础上进一步完善而成的，王琦莲是该项目负责人。在实验教学过程中，无论是装置的制作、实验的安排还是讲义的编写，都是实验室工作人员的集体活动。本书凝聚着我们物理系实验室老师们多年积累的劳动成果。对大家的付出，我们致以衷心的感谢。

由于编者水平有限，书中不足之处在所难免，恳请同行专家及用书单位批评指正。

编　者
2020 年 9 月

目　　录

第 1 章 绪 论

1.1 大学物理实验的重要性

物理学是研究物质的基本结构、相互作用和运动形态，且以实验作为基础的学科。物理学概念的形成、规律的发现以及理论的建立，都必须以严格的科学实验为依据。诺贝尔物理学奖获得者丁肇中教授认为"没有实验证明的理论是没有用的，理论不能推翻实验，而实验则可以推翻理论"，这也简明扼要地阐述了实验的重要性。

物理实验在物理学自身的发展中有着重要的作用，同时在推动其他学科及工程技术的发展中也起着重要作用。

近代各学科相互渗透，发展了许多交叉学科，物理实验的构思、方法和技术与化学、生物学、天文学等学科相互结合已经取得了丰硕的成果，而且必将发挥更大的作用。

"大学物理实验"和"大学物理"构成了基础物理学知识(高等理工科学生必修)的统一整体。理论课训练学生的理论思维方法，是进行物理实验的基础；实验课则主要以实际动手实验为教学手段，对学生进行全面系统的实验方法和实验技能训练，通过理论的应用和对实验现象的观察分析，又可进一步加深对物理理论的理解。实验课与理论课具有同等重要的地位，二者具有深刻的内在联系。

1.2 大学物理实验的目的和任务

物理实验是一门实践性很强的课程，是培养和提高学生科学素质和能力的重要课程之一。物理实验的主要目的和任务如下：

(1) 通过对实验现象的观察分析和对物理量的测量，使学生掌握物理实验的基本知识、基本方法和基本技能，并能运用物理学原理、物理实验方法研究物理现象和规律，加深对物理学原理的理解和掌握。

(2) 培养与提高学生从事科学实验的能力，包括：

· 自学能力——能够自行阅读实验教材或参考资料，正确理解实验内容。

· 动手实践能力——能够借助教材和仪器说明书，正确调整和使用常用仪器。

· 思维判断能力——能够运用物理理论，对实验现象进行初步的分析和判断。

· 表达书写能力——能够正确记录和处理实验数据，绘制图线，说明实验结果，撰写合格的实验报告。

· 简单的设计能力——能够根据课题要求，确定实验方法和条件，合理选择仪器，拟定具体的实验程序。

（3）培养与提高学生从事科学实验的素质，包括：理论联系实际和实事求是的科学作风，严肃认真的工作态度，不怕困难、主动进取的探索精神，遵守操作规程、爱护公共财物的优良品德，相互协作、共同探索的合作精神。

1.3 大学物理实验的教学程序和要求

实验课与理论课不同，它的特点是学生在教师的指导下，自己动手，独立完成实验任务。实验课的教学程序一般可分为下列三个阶段：

1. 实验预习

实验前应阅读实验讲义或有关资料，明确本次实验的目的，明确实验的基本原理和方法，并学会整理出实验条件及实验注意事项，根据实验任务制作实验数据记录表，撰写预习报告。

2. 实验操作

（1）进入实验室后，自觉遵守实验室守则，明确实验原理和条件、实验安排、操作步骤、仪器使用方法以及实验中的注意事项等。

（2）认真调节仪器，仔细观察实验现象，准确测量实验数据。

（3）如实记录实验的原始数据，实验数据的记录应整齐且有条理。

（4）实验结束前，必须请教师检查实验数据并签字确认。教师签字后，整理好自己所用的仪器设备，并填写仪器设备使用登记本。

3. 实验总结（撰写实验报告）

实验后要及时处理实验数据，数据处理过程包括计算、作图和误差分析等。计算要有计算式，代入的数据要有根据，便于他人看懂，也便于自己检查。作图要遵守作图规则，图线要规范、美观。数据处理后应给出实验结果。最后要撰写一份简洁、明了、工整、有见解的实验报告。

实验报告的内容包括：实验名称、实验目的、实验仪器及用具、实验原理、实验步骤、实验数据、数据处理及结果分析、思考与讨论等 8 个方面。

1.4 大学物理实验的成绩评定办法

大学物理实验的成绩一般分为预习、操作和实验报告三部分，计算公式如下：

物理实验成绩＝实验预习成绩（20％）＋实验操作成绩（40％）＋实验报告成绩（40％）

在成绩评定过程中，着重考察以下几个方面：

（1）实验基本操作是否规范、娴熟，实验仪器设备操作是否合理。

（2）观察实验现象是否认真，测量数据是否较准确。

（3）实验中能否发现问题，在教师启发下能否解决问题。

（4）实验报告是否认真整洁，文字表达是否有条理、通顺而准确，图表制作是否规范准确，数据处理和图形分析是否准确。

1.5 实验室守则

为保证实验教学的正常进行和学生的人身安全,同时也为了培养学生严谨的实验作风和爱护公物、厉行节约的品德,特制订本实验室守则。

(1) 学生必须遵守实验室规章制度,准时进入实验室,不得迟到。必要时应穿着实验服、戴防护镜和手套,不允许穿背心、拖鞋进入实验室。一切听从实验教师的指挥,如有违规,指导教师有权停止其实验。

(2) 实验前应认真预习,明确实验目的和要求,了解实验原理、方法和步骤;实验时应严格遵守操作规程,仔细观察,做好记录;实验结束后应认真进行总结、分析和讨论,按时上交实验报告。

(3) 实验中应听从教师的指导,提倡独立思考、科学操作,自觉培养严谨求实的科学作风和勇于创新的良好学风。

(4) 实验时应爱护实验仪器设备,保证人身及设备安全,养成良好的科学实验习惯,不得擅自将仪器设备带出实验室。使用仪器时必须严格按照操作规程或在教师指导下进行操作,不熟悉仪器性能时,切勿随意动手。

(5) 保持实验室整洁,不得在室内吸烟、吃东西及乱扔纸屑等杂物,不准随地吐痰。

(6) 保持实验室肃静,不准大声喧哗、打闹、随意走动。遇到意外情况时,要服从实验教师的指挥,迅速撤离到安全地带。

(7) 实验完毕后由值日生清扫台面、地面和公共区域,恢复桌面、椅子摆放原样,关好门、窗、水、电后,方可离开实验室。

第2章　测量误差与数据处理

物理实验的任务不仅是定性地观察各种自然现象，更重要的是定量测量相关物理量。在物理实验中可以获得大量的测量数据，这些数据必须经过认真、正确、有效的处理，才能得出合理的结论，从而把感性认识上升为理性认识，形成物理规律。因此误差分析和数据处理是物理实验的基础，本章介绍测量误差和数据处理的一些基本知识。

2.1　测　量　与　误　差

1. 测量

测量是将待测量与选作标准的同类量进行比较，得出它们的倍数关系的过程。倍数值称为待测量的数值，所选的计量标准称为单位。因此，一个物理量的测量值应由数值和单位两部分组成。

（1）按照测量方法来划分，测量可分为直接测量和间接测量。

直接测量是指用测量仪器或仪表直接读出测量值的过程。如用温度计测温度，用电表测电压、电流等都是直接测量。

间接测量是指通过测量某些直接测量值，再根据某一函数关系获取被测量数据的过程。如测一球的密度 ρ，先分别测量该球的质量 m 和直径 d，然后根据公式 $\rho=6m/(\pi d^3)$，计算出该球的密度。

（2）按照测量条件来划分，测量可分为等精度测量和不等精度测量。

等精度测量是指在相同的条件下，对某一物理量进行多次测量。所谓相同的条件，是指同一时间、同一地点、同一人、相同的测量仪器及测量环境等条件。

不等精度测量是指在不同的测量条件下，对某一物理量进行多次测量，所得的测量值的精确程度不能认为是相同的。

2. 测量误差

物理量在客观上有一个真实的数值，叫作真值。由于实验方法、实验设备、实验环境、测量程序以及人的观察力等限制，实验测量值和真值之间总是存在一定的差异，这个差异就是测量误差。测量误差可以用绝对误差表示，也可以用相对误差表示，即

$$绝对误差(\delta)=测量值-真值$$

$$相对误差(E_r)=\frac{|绝对误差|}{真值}\times100\%$$

任何测量都不可避免地存在误差，所以，一个完整的测量结果应该包括测量值和误差两部分。

2.2　误差的分类

根据误差的性质和产生原因可将误差分为系统误差、随机误差和过失误差三大类。

1. 系统误差

在多次测量同一物理量时，误差的符号和绝对值保持不变或按某一确定规律变化，这类误差称为系统误差。如仪器的缺陷、测量理论不完善或环境变化等对测量结果造成的误差，都可认为是系统误差。

2. 随机误差

在相同条件下多次测量同一量值时，误差的绝对值和符号以不可预知的方式变化，这类误差称为随机误差。产生随机误差的原因有：① 测量仪器中零部件配合的不稳定或摩擦，仪器内部器件产生噪声等；② 温度及电源电压的频繁波动、电磁干扰、地基震动等；③ 测量人员感觉器官的无规则变化等。

3. 过失误差

过失误差是由实验人员粗心大意(如读数错误、记录错误或操作失误等)引起的。这类误差与正常值相差较大，应在整理数据时加以剔除。

2.3　测量结果的评定

对测量结果做总体评定时，一般均应把系统误差和随机误差联系起来。通常用准确度、精密度和精确度来评定测量结果，但这些概念的含义不同，使用时应加以区别。

1. 准确度、精密度和精确度

1）准确度

准确度指测量值与真值的接近程度。准确度用来反映系统误差的影响，系统误差越小则准确度越高。

2）精密度

精确度表示测量结果中随机误差大小的程度，它是指在一定的条件下进行重复测量时，各次测量值之间彼此接近或分散的程度。精密度是对随机误差的描述，它反映随机误差对测量的影响程度。随机误差越小，测量的精密度就越高。如果实验的相对误差为 0.01%且误差由随机误差引起，则可以认为其精密度为 10^{-4}。

3）精确度

精确度反映系统误差和随机误差的综合影响程度。精确度高，说明准确度和精密度都高，意味着系统误差和随机误差都小。

2. 随机误差的处理

1）随机误差的分布

就一次实验而言，随机误差没有规律，不可预定，但是当测量次数足够多时，其总体服从统计的规律，多数情况下接近正态分布。随机误差的特点如下：

（1）单峰性：绝对值小的误差出现的概率比绝对值大的误差出现的概率大。

（2）对称性：绝对值相等的正负误差出现的概率相同。

（3）有界性：绝对值很大的误差出现的概率趋于零。

（4）抵偿性：误差的算术平均值随着测量次数的增加而趋于零。

因此，增加测量次数可以减小随机误差，但不能完全消除。

2）算术平均值

在相同条件下，对某一物理量进行 n 次独立测量，测得 n 个测量值 x_1，x_2，…，x_n，这组测量值称为测量列，测量值的算术平均值为

$$\bar{x} = \frac{1}{n} \sum_{i=1}^{n} x_i, \quad i=1, 2, \cdots, n \tag{2.3.1}$$

测量值的平均值可以作为被测量的真值。测量次数越多，两个值的接近程度越好，平均值越趋近真值。

3）标准偏差

为了表征测量值的离散程度，需要引入标准偏差。每一次测量值 x_i 与平均值 $\bar{x}$ 的差称为残差，即

$$\Delta x_i = x_i - \bar{x}, \quad i=1, 2, \cdots, n \tag{2.3.2}$$

显然，这些残差有正有负，有大有小。在实际情况中，常用"均方根"对它们进行统计，在测量次数足够多时，标准偏差的估计值为

$$s_x = \sqrt{\frac{\sum_{i=1}^{n}(x_i - \bar{x})^2}{n-1}} \tag{2.3.3}$$

式（2.3.3）称为贝塞尔公式。标准偏差可以表示这一系列测量值的精密度。标准偏差越小就表示测量值越密集，即测量的精密度越高；标准偏差越大就表示测量值越分散，即测量的精密度越低。

4）平均值的标准偏差

当测量次数 n 有限时，算术平均值的标准偏差为

$$s_{\bar{x}} = \frac{s_x}{\sqrt{n}} = \sqrt{\frac{\sum_{i=1}^{n}(x_i - \bar{x})^2}{n(n-1)}} \tag{2.3.4}$$

$s_{\bar{x}}$ 反映了平均值接近真值的程度，其意义为待测量的真值在 $(\bar{x}-s_{\bar{x}}) \sim (\bar{x}+s_{\bar{x}})$ 范围内的概率为 68.3%。这个概率叫置信概率，也叫置信度，用 p 表示，即 $p=0.683$。类似地，待测量的真值在 $(\bar{x}-2s_{\bar{x}}) \sim (\bar{x}+2s_{\bar{x}})$ 范围内的概率为 95.4%，此时的置信度 $p=0.954$。

3. 测量不确定度的评定

1）不确定度

由于测量误差的存在，任何一个测量值都不可能绝对精确，它必然有不确定的成分。实际上，这种不确定程度可以用一种科学的、合理的、公认的方法表征，这就是"不确定度"的评定。1992 年国际计量大会制定了《测量不确定度表达指南》。1993 年此指南经国际理化等组织批准实施。从此，物理实验的不确定度评定有了国际公认的标准。

测量不确定度指由于测量误差的存在而对测量值不能肯定(或可疑)的程度。测量不确定度是对误差的一种量化估计,用以表征测量值可信赖的程度。不确定度越小,测量结果可信赖程度就越高;不确定度越大,测量结果可信赖程度就越低。所以,用不确定度的概念对测量数据做出评定比用误差来描述更合理。

测量不确定度分为 A 类不确定度和 B 类不确定度,前者是在同一条件下多次测量,即拥有一系列观测结果的统计分析的不确定度;后者是由非统计分析评定的不确定度。

2) A 类不确定度

A 类不确定度是指可以采用统计方法计算的不确定度。A 类不确定度取决于平均值的标准偏差,即

$$u_A(x) = s_{\bar{x}} \qquad (2.3.5)$$

3) B 类不确定度

测量中凡不符合统计规律的不确定度都称为 B 类不确定度。若对某物理量 x 进行单次测量,那么 B 类不确定度主要由测量不确定度 $u_{B1}(x)$ 和仪器不确定度 $u_{B2}(x)$ 两部分组成。

(1) 测量不确定度 $u_{B1}(x)$ 是由估读引起的,通常取仪器分度值 d 的 1/10 或 1/5,有时也取 1/2,视具体情况而定。特殊情况下,可取 d,甚至更大。例如用分度值为 1 mm 的米尺测量物体长度时,在较好地消除视差的情况下,测量不确定度可取仪器分度值的 1/10,即 $\Delta_{估} = (1/10) \times 1 \text{ mm} = 0.1 \text{ mm}$。

(2) 仪器不确定度 $u_{B2}(x)$ 是由仪器本身的特性所决定的,定义为

$$u_{B2}(x) = \frac{\Delta_{仪}}{c} \qquad (2.3.6)$$

其中,$\Delta_{仪}$ 是仪器说明书上所标明的"最大误差"或"不确定度限值",c 是一个与仪器不确定度 $u_{B2}(x)$ 的概率分布相关的常数,称为"置信系数"。仪器不确定度 $u_{B2}(x)$ 的概率分布通常有正态分布、均匀分布和三角形分布等,三种形式的置信系数 c 分别取 3、$\sqrt{3}$ 和 $\sqrt{6}$。如果仪器说明书上没有关于不确定度概率分布的信息,则一般以均匀分布处理,即

$$u_{B2}(x) = \frac{\Delta_{仪}}{\sqrt{3}}$$

4) 标准不确定度的合成与传递

(1) 标准不确定度的合成。

在相同条件下,对 x 进行多次测量时,待测量 x 的标准不确定度 $u(x)$ 由 A 类不确定度 $u_A(x)$ 和仪器不确定度 $u_{B2}(x)$ 合成,即

$$u(x) = \sqrt{u_A^2(x) + u_{B2}^2(x)} \qquad (2.3.7)$$

对 x 进行单次测量时,待测量 x 的标准不确定度 $u(x)$ 由测量不确定度 $u_{B1}(x)$ 和仪器不确定度 $u_{B2}(x)$ 合成,即

$$u(x) = \sqrt{u_{B1}^2(x) + u_{B2}^2(x)} \qquad (2.3.8)$$

对于单次测量,有时会因待测量的不同,其不确定度的计算也有所不同。一般情况下,简化的做法是采用仪器误差或其数倍的大小作为单次直接测量的不确定度的估计值。

(2) 标准不确定度的传递。

间接测量量为

$$y = (x_1, x_2, \cdots, x_n) \tag{2.3.9}$$

如果 $x_1, x_2, \cdots, x_n$ 为相互独立的直接测量量，则测量结果 y 的标准不确定度 $u(y)$ 的传递公式为

$$u^2(y) = \sum_{i=1}^{n} \left(\frac{\partial f}{\partial x_i}\right)^2 u^2(x_i) \tag{2.3.10}$$

其中 $u(x_i)$ 为测量量 x_i 的标准不确定度。

5）测量结果的表示

一个完整的测量结果不仅要给出该量值的大小（即数值和单位），还应给出它的不确定度，用不确定度来表征测量结果的可信程度。测量结果应写为

$$x = \bar{x} \pm u(x) \text{（单位）} \tag{2.3.11}$$

$$u_r = \frac{u(x)}{\bar{x}} \times 100\% \tag{2.3.12}$$

式中：x 为待测量；$\bar{x}$ 是多次测量的算术平均值；$u(x)$ 为不确定度；u_r 为相对不确定度。

不确定度是测量结果所携带的一个必要参数，以表征待测量的分散性、准确性和可靠程度。

2.4　有效数字及其运算法则

1. 有效数字

1）有效数字的定义

若用最小分度值为 1 mm 的米尺测量某物体的长度，读数为 56.3 mm，其中 5 和 6 这两个数字是从米尺的刻度上准确读出的，可以认为是准确的，叫作可靠数字；末尾数字 3 是从米尺最小分度值上估计出来的，是不准确的，叫作欠准数（或称可疑数字）。显然有一位可疑数字，使测量值更接近真实值，更能反映客观实际。因此，测量值保留到这一位是合理的，即使估计数是 0，也不能舍去。故测量数据的有效数字为几位可靠数字加上一位可疑数字，有效数字的个数叫作有效数字的位数。**注意：** 有效数字的位数不要与小数点后的位数混淆。如上述的 56.3 mm 有 3 位有效数字，但小数后只有 1 位。

从有效数字的另一面也可以看出测量用具的最小刻度值，如 0.0135 m 是用最小刻度为毫米的尺子测量的，而 1.030 m 是用最小刻度为厘米的尺子测量的。

2）结果的表示

因为最后一位可疑位是不确定的，即不确定度所在位，所以，若把测量结果写成 542.817±0.5（mm）是错误的。由不确定度 0.5（mm）可以得知，数据的小数 0.8 已不可靠，把它后面的数字也写出来没有多大意义，正确的写法应当是 542.8±0.5（mm），即结果的尾数应与不确定度的所在位对齐，后面的位数可以简单地四舍五入。

3）直接测量的有效数字记录

物理实验中，通常仪器上显示的数字均为有效数字（包括最后一位估计读数），都应读出并记录下来。仪器上显示的最后一位数字是 0 时，该 0 也要记录。仪器不确定度在哪一

位发生，测量数据的可疑位就记录到哪一位。对于有分度式的仪表，读数要根据人眼的分辨能力读到最小分度的十分之几。

例如，测出物体长为 52.4 mm 与 52.40 mm 是两个不同的测量值，也是属于不同仪器测量的两个值。从这两个值可以看出，前者测量的仪器精度低，后者测量的仪器精度比前者高出一个数量级。记录直接测量的有效数字时，常用科学表达式，如 0.0451 m 或 45.1 mm 可表示为 4.51×10^{-2} m。

4）有效数字的运算法则

测量结果的有效数字只允许保留一位可疑数字。根据这一原则，为了简化有效数字的运算，约定下列规则：

（1）加法或减法运算。若干个数进行加法或减法运算时，其和或者差的结果的可疑数字的位置与参与运算各个量中的可疑数字的位置最高者相同。因此，几个数进行加法或减法运算时，可先将多余数修约(四舍五入)，将应保留的可疑数字的位数多保留一位进行运算，最后结果按保留一位可疑数字的规则进行取舍。

（2）乘法和除法运算。有效数字进行乘法或除法运算时，乘积或商的结果的有效数字的位数一般与参与运算的各个量中有效数字的位数最少者相同，或多一位。实际运算过程中可比参与运算的位数最少者多取一位，最后由结果的不确定度决定。

例如：

$$7.65 + 8.268 = 15.92 \qquad 3.841 \times 2.42 = 9.30 \qquad 3.841 \times 8.42 = 32.34$$

$$
\begin{array}{r}
7.65 \\
+ 8.268 \\
\hline
15.918
\end{array}
\qquad
\begin{array}{r}
3.841 \\
\times 2.42 \\
\hline
7682 \\
15364 \\
7682 \\
\hline
9.29522
\end{array}
\qquad
\begin{array}{r}
3.841 \\
\times 8.42 \\
\hline
7682 \\
15364 \\
30728 \\
\hline
32.34122
\end{array}
$$

式中下划线部分表示可疑数字。

（3）乘方和开方运算。乘方和开方运算的有效数字的位数与其底数的有效数字的位数相同。

例如：

$$(7.325)^2 = 53.66 \qquad \sqrt{32.8} = 5.73$$

（4）三角函数运算。一般取四位有效位数。例如：$\sin 30°07' = \sin 30.12° = 0.5018$。

（5）指数运算。结果的有效数字与指数小数点后的位数相同。例如：$10^{5.75} = 5.6 \times 10^5$；$10^{0.075} = 1.1$。

（6）对数运算。结果的有效数字的尾数(小数点后的位数)与真数的位数相同，或多取一位。例如：$\ln 1.550 = 0.4383$。

（7）对任意函数的运算。可将数值末位改变 1，运算后，看结果是哪位变化了，就保留到开始变化的那位。例如：$\ln 1.550 = 0.43825$，末位改变 1，则 $\ln 1.551 = 0.43890$，所以，可取小数后 4 位，即 0.4383。

（8）自然数的运算。1，2，3，4，… 不是测量而得的，因此，可以视为无穷多位有效数字的位数，书写也不必写出后面的 0，如 $D = 2R$，D 的位数仅由 R 的位数决定。

（9）无理常数的运算。π，$\sqrt{2}$，$\sqrt{3}$，… 的位数也可以看成很多位有效数字。例如

$L = 2\pi R$，若测量值 $R = 2.35 \times 10^{-1} (\text{m})$ 时，π 应比参加运算的最少位数取多一位，取为 3.142。

上述规定和方法，是为了简化有效数字的运算，及作为不需算不确定度时有效位数取值的参考，但并非完全准确。在实际的不确定度估算时，作为中间过程，可比上述规定多取 1~2 位，最后由结果的不确定度决定有效位数。

2. 数据处理

实验需要采集大量数据，并要对实验数据进行记录、整理、计算和分析，从而找出测量对象的内在规律。数据处理是实验工作的重要内容，涉及的内容很多，这里仅介绍数据处理常用的四种方法。

1) 列表法

对一个物理量进行多次测量，或者测量几个量之间的关系时，往往借助列表法把实验数据列成表格。列表法的优点是：使大量数据表达清晰醒目、条理清晰；易于检查数据和发现问题，以避免差错；有助于反映出物理量之间的对应关系。

列表要求如下：

(1) 各栏目均应注明所记录的物理量的名称(符号)和单位。

(2) 栏目的顺序应充分考虑数据间的联系和计算顺序，力求简明、齐全、有条理。

(3) 列表中的原始测量数据应正确反映有效数字，数据不应随便涂改，确实要修改数据时，应将原来数据做一标记以备随时查验。

(4) 处理函数关系的数据表格时，应按自变量由小到大或由大到小的顺序排列，以便于判断和处理。

例：用伏安法测电阻值，实验数据如表 2.4.1 所示。

表 2.4.1　伏安法测电阻实验数据

U /V	0.74	1.52	2.33	3.08	3.66	4.49	5.24	5.98	6.76	7.50
I/mA	2.00	4.01	6.22	8.20	9.75	12.00	13.99	15.92	18.00	20.01

2) 作图法

作图法可以形象、直观地显示出物理量之间的函数关系，也可以用来求某些物理参数，因此，作图法是一种重要的数据处理方法。

作图步骤如下：

(1) 选择合适的坐标分度值，确定坐标纸的大小。坐标分度值的选取应能反映测量值的有效位数，一般以 1~2 mm 对应于测量仪表的最小分度值或对应于测量值的次末位数。根据表 2.4.1 数据，U 轴可选 1 mm 对应于 0.10 V，I 轴可选 1 mm 对应于 0.20 mA。

(2) 标明坐标轴。作图时用粗实线画坐标轴，用箭头标轴方向，标明坐标轴的名称或符号、单位，再按顺序标出坐标轴整分格上的量值。

(3) 标实验点：实验点可用"＋""□""○"等符号标出(同一坐标系下不同曲线用不同的符号)。

(4) 连成图线。作图时用直尺、曲线板等把点连成直线或光滑曲线。一般不强求直线或曲线通过每个实验点，而应使图线两边的实验点与图线最为接近且分布大体均匀。

（5）注解与说明。在图纸上要写明图线的名称、坐标比例及必要的说明（主要指实验条件），并在恰当地方注明作者姓名、日期等。

例：根据表 2.4.1 所示数据作电压 U 与电流 I 的关系图，即 U-I 图，如图 2.4.1 所示。

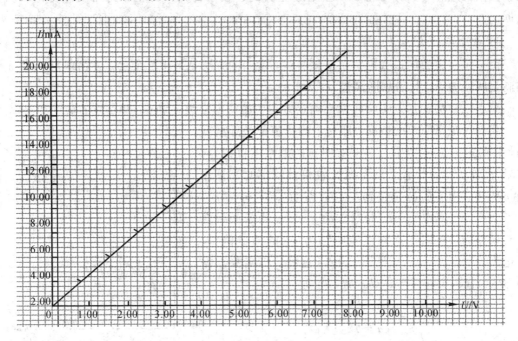

图 2.4.1　U-I 图

3）逐差法

逐差法一般用于对等间隔线性变化测量所得数据的处理，它是把测量数据分成高低两组实行对应项相减的一种数据处理方法。

例：在声速的测定实验中，用行波法测量声波波长的数据如表 2.4.2 所示。

表 2.4.2　行波法测量声波波长实验数据

N	0	1	2	3	4	5	6	7	8	9	10	11
x_i	x_0	x_1	x_2	x_3	x_4	x_5	x_6	x_7	x_8	x_9	x_{10}	x_{11}

如果简单地将每一个波峰的距离直接计算出来，则有

$$\overline{\Delta x}=\frac{1}{11}[(x_1-x_0)+(x_2-x_1)+(x_3-x_2)+\cdots+(x_{11}-x_{10})]=\frac{1}{11}(x_{11}-x_0)$$

只有始末两次测量值起了作用，等效于只测 x_0 和 x_{11}。为了充分利用测量数据，减小测量误差，应采用逐差法，具体步骤如下：

（1）将测量列按次序分为高低两组，即 x_0，x_1，$\cdots$，x_5 和 x_6，x_7，$\cdots$，x_{11}。

（2）取对应项的差值后再求平均：

$$\overline{\Delta x}=\frac{1}{6}[(x_6-x_0)+(x_7-x_1)+(x_8-x_2)+\cdots+(x_{11}-x_5)]$$

$$=\frac{1}{6}[(x_6+x_7+x_8+x_9+x_{10}+x_{11})-(x_0+x_1+x_2+x_3+x_4+x_5)]　\quad(2.4.1)$$

其中 $\overline{\Delta x}$ 为 6 个峰值间的距离，即 $\lambda = \overline{\Delta x}/6$。

逐差法是物理实验中常用的数据处理方法，它的优点是：充分利用各个测量数据，可减小测量误差和扩大测量范围。应用逐差法的一般条件是：处理等间隔线性变化的测量数据。

4）最小二乘法

由一组实验数据拟合出一条最佳直线，常用的方法是最小二乘法。设物理量 y 和 x 之间满足线性关系，其函数形式为 $y = a + bx$。

最小二乘法就是用实验数据来确定方程中的待定常数 a 和 b，即直线的截距和斜率。

我们讨论最简单的情况，即每个测量值都是等精度的，且假定 x 和 y 值中只有 y 有明显的测量随机误差。如果 x 和 y 均有误差，只要把误差相对较小的变量作为 x 即可。由实验测量得到一组数据为 (x_i, y_i)，$i = 1, 2, \cdots, n$，其中 $x = x_i$ 时对应的 $y = y_i$。由于测量总是有误差的，我们将这些误差归结为 y_i 的测量偏差，并记为 $\varepsilon_1, \varepsilon_2, \cdots, \varepsilon_n$，见图 2.4.2。这样，将实验数据 (x_i, y_i) 代入方程 $y = a + bx$ 后，得到

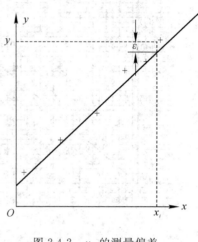

图 2.4.2　y_i 的测量偏差

$$\begin{cases} y_1 - (a + bx_1) = \varepsilon_1 \\ y_2 - (a + bx_2) = \varepsilon_2 \\ \vdots \\ y_n - (a + bx_n) = \varepsilon_n \end{cases} \qquad (2.4.2)$$

利用式(2.4.2)所述的方程组来确定 a 和 b，那么 a 和 b 要满足什么要求呢？显然，比较合理的 a 和 b 应使 $\varepsilon_1, \varepsilon_2, \cdots, \varepsilon_n$ 数值上都比较小。但是，每次测量的误差不会相同，反映 $\varepsilon_1, \varepsilon_2, \cdots, \varepsilon_n$ 大小不一，而且符号也不尽相同。所以只能要求总的偏差最小，即

$$\sum_{i=1}^{n} \varepsilon_i^2 \to \min \qquad (2.4.3)$$

令

$$S = \sum_{i=1}^{n} \varepsilon_i^2 = \sum_{i=1}^{n} (y_i - a - bx_i)^2$$

使 S 为最小的条件是

$$\frac{\partial S}{\partial a} = 0, \quad \frac{\partial S}{\partial b} = 0, \quad \frac{\partial^2 S}{\partial a^2} > 0, \quad \frac{\partial^2 S}{\partial b^2} > 0 \qquad (2.4.4)$$

由一阶微商为零得

$$\begin{cases} \dfrac{\partial S}{\partial a} = -2 \sum_{i=1}^{n} (y_i - a - bx_i) = 0 \\ \dfrac{\partial S}{\partial b} = -2 \sum_{i=1}^{n} (y_i - a - bx_i) x_i = 0 \end{cases} \qquad (2.4.5)$$

解得

$$a = \frac{\sum\limits_{i=1}^{n} x_i \sum\limits_{i=1}^{n} (x_i y_i) - \sum\limits_{i=1}^{n} x_i^2 \sum\limits_{i=1}^{n} y_i}{\left(\sum\limits_{i=1}^{n} x_i\right)^2 - n \sum\limits_{i=1}^{n} x_i^2} \qquad (2.4.6)$$

$$b = \frac{\sum\limits_{i=1}^{n} x_i \sum\limits_{i=1}^{n} y_i - n \sum\limits_{i=1}^{n} (x_i y_i)}{\left(\sum\limits_{i=1}^{n} x_i\right)^2 - n \sum\limits_{i=1}^{n} x_i^2} \qquad (2.4.7)$$

令 $\bar{x} = \dfrac{1}{n} \sum\limits_{i=1}^{n} x_1$，$\bar{y} = \dfrac{1}{n} \sum\limits_{i=1}^{n} y_i$，$\overline{x^2} = \dfrac{1}{n} \sum\limits_{i=1}^{n} x_i^2$，$\overline{xy} = \dfrac{1}{n} \sum\limits_{i=1}^{n} (x_i y_i)$，则

$$a = \bar{y} - b\bar{x} \qquad (2.4.8)$$

$$b = \frac{\bar{x} \cdot \bar{y} - \overline{xy}}{\bar{x}^2 - \overline{x^2}} \qquad (2.4.9)$$

如果实验是在已知 y 和 x 满足线性关系的条件下进行的，那么用上述最小二乘法线性拟合(又称一元线性回归)可解得截距 a 和斜率 b，从而得出回归方程 $y = a + bx$。如果实验是要通过对 x、y 的测量来寻找经验公式，则还应判断由上述一元线性拟合所确定的线性回归方程是否恰当，可用式(2.4.10)中的相关系数 r 来判别，即

$$r = \frac{\overline{xy} - \bar{x} \cdot \bar{y}}{\sqrt{\overline{x^2} - \bar{x}^2 \left(\overline{y^2} - \bar{y}^2\right)}} \qquad (2.4.10)$$

其中，$\overline{y^2} = \dfrac{1}{n} \sum\limits_{i=1}^{n} y_i^2$。可以证明，$|r|$ 的值总是在 0 和 1 之间。$|r|$ 值越接近 1，说明实验数据点密集地分布在所拟合的直线的近旁，用线性函数进行回归是合适的。$|r| = 1$ 表示变量 x、y 完全线性相关，拟合直线通过全部实验数据点。$|r|$ 值越小表示线性越差，一般 $|r| \geqslant 0.9$ 时可认为两个物理量之间存在较密切的线性关系，此时用最小二乘法直线拟合才有实际意义。

第 3 章　基础性物理实验

实验 3.1　长度的测量

【实验目的】

(1) 学习游标和螺旋测微原理。

(2) 正确掌握游标卡尺、螺旋测微计测量长度的方法。

(3) 练习对测量误差的估计和有效数字的基本运算。

【实验仪器】

游标卡尺、螺旋测微计、待测物、计算器。

【实验原理】

1. 游标卡尺与游标原理

1) 游标卡尺

游标卡尺的构造如图 3.1.1 所示，它主要由主尺 AB、副尺 CD(一般称游标)、内量爪 ef、外量爪 EF、探尺 J 等组成，可用于测量内径、外径和深度。当主尺的零线与游标的零线对齐时，测量长度为零，这时内、外量爪都应吻合无缝，而且探尺端与主尺端相平。

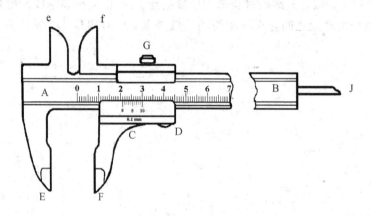

图 3.1.1　游标卡尺

测量时应将量爪分开，使其刚好卡住待测物，此时主尺零线与游标零线分开，这两零线之间的距离 L 即为待测物长度。L 由两部分读数组成：主尺毫米格读出的整数部分 L_0 以及在主尺最后一毫米格内的估读小数部分 ΔL，所以 $L = L_0 + \Delta L$。

2) 游标原理

如果将游标等分为 n 格，使其与主尺上的 $n-1$ 格等长，以 x 表示游标每格长度，x'

表示主尺每格长度,则有

$$nx = (n-1)x' \text{ 或 } x'-x = \frac{x'}{n} \qquad (3.1.1)$$

如果主尺每格长度 x' 为 1 mm,游标分格数 n 为 10,则游标每格长度 x 可由式(3.1.1)算得为 0.9 mm。这时,主尺与游标每格长度差为

$$x'-x = 1-0.9 = 0.1 \text{ mm}$$

即 $\frac{x'}{n} = 0.1$ mm。

既然每格相差 0.1 mm,那么 k 格就应相差 $k \times$ 0.1 mm,即 ΔL 为 $k \times 0.1$ mm,所以,只要找出 k 值,就可读出 ΔL 的值。找 k 值的方法是:从游标分格线上看第几条线与主尺分格线对齐,对齐的这条线在游标上所示格数就是 k 值。假设游标第 7 条分格线与主尺分格线对齐,则 k 为 7,ΔL 为 0.7 mm,如图 3.1.2 所示。

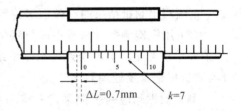

图 3.1.2 游标卡尺的读数

由于 $x'-x = 0.1$ mm,因此游标就可以准确地读出 0.1 mm 及它的整数倍,这时游标卡尺的精度为 0.1 mm;如果将游标分为 20 格($n=20$),主尺格长 x' 仍然是 1 mm,则主尺与游标每格长度差 $x'-x$ 应为 $x'/n = 0.05$ mm,这时,游标可准确地读出 0.05 mm 及它的整数倍,游标卡尺就精确到 0.05 mm。实验室常用游标卡尺的精度有 0.1 mm、0.05 mm 两种,还有精度为 0.02 mm 的游标卡尺与弯(或角)游标卡尺等,这里不一一叙述。

2. 螺旋测微计与螺旋测微原理

1)螺旋测微计

螺旋测微计又称千分卡,其精度为 0.01 mm,比游标卡尺更精确,量程一般为 25 mm。螺旋测微计的结构如图 3.1.3 所示。

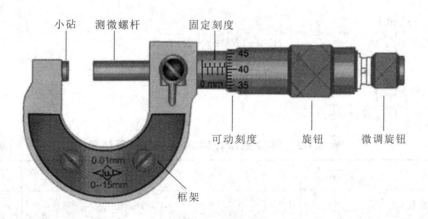

图 3.1.3 螺旋测微计

2)螺旋测微原理

当微分筒(即鼓轮)旋转一周(转过 50 个分格)时,微动螺杆则沿轴向前进 0.5 mm,即

1 大格；如果微分筒只旋转 1/50 周（即 1 个分格），则微动螺杆沿轴向前进 0.5/50 mm；如果微分筒旋转了 $n/50$ 周（即 n 个分格），则微动螺杆沿轴向前进 $n \times 0.5/50$ mm。当微分筒的零线与主尺零线对齐时，微动螺杆端面应与测砧相吻，这时测量长度为零。测量时，微动螺杆端面与测砧分开夹住被测物，微分筒零线与主尺零线分开，其读数方法与游标尺读数类似，也是用主尺读数 L_0 加副尺（即微分筒）读数 ΔL，即 $L = L_0 + \Delta L$。ΔL 由微分筒旋转的分格数决定。

【实验内容及步骤】

（1）用游标卡尺测量小圆筒的内、外径和内、外高度，求其体积。同一量重复测量 5 次，正确写出测量结果的有效数字位数，计算各测量值的绝对平均误差与算术平均值。

（2）用螺旋测微计测量小球与漆包线的直径，重复 10 次。计算小球的体积，用算术平均值和单次测量的标准误差表示测量结果。

【实验数据记录及处理】

测量数据均应列表记录，表格一般由学生在预习中自拟，表 3.1.1 和表 3.1.2 可供参考。

表 3.1.1　游标卡尺 (0.05 mm) 测量结果　　　　　单位：mm

数据项目　　次数	1	2	3	4	5	平均值	Δ
内径 D_1							
外径 D_2							
内高 h_1							
外高 h_2							
测量结果：$V = \overline{V} \pm \Delta V =$　　　　　$\pm$　　　　　mm³							

计算公式如下：

$$\overline{V} = \pi(R_2^2 h_2 - R_1^2 h_1) \tag{3.1.2}$$

$$\Delta V = \Delta V_1 + \Delta V_2 = \left(\frac{2\Delta R_1}{R_1} + \frac{\Delta h_1}{h_1}\right)\overline{V_1} + \left(\frac{2\Delta R_2}{R_2} + \frac{\Delta h_2}{h_2}\right)\overline{V_2} \tag{3.1.3}$$

其中，$R_1 = \frac{1}{2}D_1$，$R_2 = \frac{1}{2}D_2$。

表 3.1.2　螺旋测微计 (0.01 mm) 测量结果　　　　　单位：mm

测量项目	1	2	3	4	5	6	7	8	9	10	$\overline{d}$	σ
小球直径 d_1												
漆包线直径 d_2												

在表 3.12 中：

$$\overline{d} = \frac{\sum\limits_{i=1}^{n} d_i}{n}$$

$$\sigma = \sqrt{\frac{\sum\limits_{i=1}^{n}(d_i - \overline{d})^2}{n-1}}$$

小球直径的测量结果为

$$d_1 = \overline{d}_1 \pm \sigma_1 = \underline{\hspace{2cm}} \pm \underline{\hspace{2cm}} \text{mm}$$

小球的体积为

$$\overline{V} = \frac{4}{3}\pi r^3 = \frac{1}{6}\pi \overline{d}_1^3 = \underline{\hspace{2cm}} \text{mm}^3$$

$$\sigma_V = \sqrt[3]{\left(\frac{\sigma_1}{\overline{d}_1}\right)^2} \cdot \overline{V} = \underline{\hspace{2cm}} \text{mm}^3$$

【实验注意事项】

（1）测准长度的关键在于准确地读出待测物两端面（起点与终点）的位置坐标。测量起点一般定为零位，所以，测量前量具均应校正零点，或者确定零点修正值（待测物长度为测量值与修正值之差）。

（2）当游标上同时有两条相邻的刻线几乎都与主尺对齐时，则取这两个读数的平均值，其平均绝对误差取精度的 $1/2$，标准误差取精度的 $1/\sqrt{3}$。

（3）量具不可将待测物夹得太紧，否则，不仅会使待测物变形，引入误差，而且会损坏量具与待测物表面。量具使用完毕后应松开紧固装置，并使夹待测物的两端面留有空隙，防止热膨胀时损坏丝杆或量爪的刀口。

（4）根据量具的精度确定有效数字的位数。由量具的最小分格（即精度）读出可靠数字，在最小分格内估读可疑数字（即有效数字的最后一位）。

（5）使用螺旋测微装置（包括读数显微镜）时应注意避免回程误差的产生。因为螺母与螺杆之间不可能吻合得丝毫不差，如果螺旋改变方向，则总有一点错位，必将带来误差，所以，测量时应保证丝杆只向一个方向移动。

【思考题】

（1）什么是测量仪器（或器具）的精度和量程？本实验中使用的量具，其精度和量程各为多少？它们能读出几位有效数字？

（2）通过实验回答下列问题：

· 测量小球直径时，是测球的同一部位好，还是测各个不同部位好？为什么？

· 用游标卡尺卡着物体读数好还是取下来读数好？为什么？

（3）有一块长约 30 cm、宽约 5 cm、厚约 0.5 cm 的铁块，要测其体积，应如何选用量具才能使测量结果得到四位有效数字？

实验 3.2　密度的测量

物体的质量、长度、温度等参数的测量是物理测量的基础，是物体最表观的物理量，也是人类最早认识到的物理量，在实验中经常遇到。密度是物质的重要属性之一，密度的测量对研究物质的性质具有重要作用，不同类型的物质需要不同的密度测量方法。

【实验目的】

（1）掌握测量质量和长度的基本方法，会计算标准对象的密度。

（2）计算不确定度。

（3）学会应用误差理论处理实验数据。

【实验仪器】

物理天平、烧杯、游标卡尺、螺旋测微计、被测物（滚珠、圆管、金属块等）。

【实验原理】

设体积为 V 的某一物体的质量为 m，则该物体的密度 ρ 等于

$$\rho = \frac{m}{V} \tag{3.2.1}$$

物体的质量 m 可以用天平精确测得。对于规则物体的体积，根据其几何规则，可以通过测量长度计算得到，例如：

滚珠的体积：$V = \frac{4}{3}\pi\left(\frac{d}{2}\right)^3$，$d$ 为滚珠的直径；

圆管的体积：$V = \frac{\pi}{4}(d_1^2 - d_2^2)L$，$d_1$ 为圆管外径，d_2 为圆管内径，L 为圆管的长度。

但是对于不规则物体的体积，则难以由外形尺寸算出比较精确的值，在此介绍的是在水的密度已知的条件下，由静力称重法求固体的密度（见图 3.2.1）。

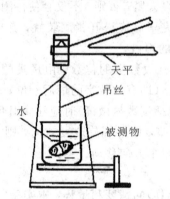

图 3.2.1　静力称重法示意图

设被测物不溶于水，其质量为 m_1，用细丝将其悬吊在水中的称衡值为 m_2，又设水在当时温度下的密度为 ρ_w，物体体积为 V，则依据阿基米德定律得

$$V\rho_w g = (m_1 - m_2)g \tag{3.2.2}$$

其中，g 为当地重力加速度。整理后得出计算体积的公式为

$$V = \frac{m_1 - m_2}{\rho_w} \tag{3.2.3}$$

则该固体的密度 ρ 为

$$\rho = \rho_w \frac{m_1}{m_1 - m_2} \tag{3.2.4}$$

【实验内容及步骤】

（1）测量待测滚珠的直径。

（2）测量待测圆管的管长、外径和内径。

（3）测量待测金属块的质量。

注：用适当的方法测量长度值；通过物理天平测出物体的质量，进而求得物体的密度。

【实验数据记录及处理】

（1）测量滚珠的直径 d，并记录到表 3.2.1 中。

表 3.2.1　滚珠的直径 d

测量次数	1	2	3	平均值
d/mm				

（2）测量圆管的管长 L、外径 d_1 和内径 d_2，并记录到表 3.2.2 中。

表 3.2.2　圆管的管长 L、外径 d_1 和内径 d_2

测量次数	1	2	3	平均值
L/cm				
d_1/cm				
d_2/cm				

（3）测量金属块的质量 m_1 及浸没在水中的称重质量 m_2，并记录到表 3.2.3 中。

表 3.2.3　金属块质量 m_1 及浸没在水中的称重质量 m_2

测量次数	1	2	3	平均值
m_1/g				
m_2/g				

（4）计算待测物体的密度及各测量量的不确定度。

【实验注意事项】

（1）直径的测量要用交叉测量法，即在同一截面上，在相互垂直的方向各测一次，如图 3.2.2 所示。

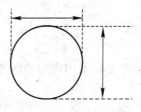

图 3.2.2　直径的测量

（2）为了防止读错数，在用游标卡尺测量之前，应先用米尺进行粗测；用螺旋测微计测量之前，应先用游标卡尺进行粗测；用移测显微镜测量之前，也应先粗测一下。先粗测后精测对各种测量均有益处。

实验 3.3　利用气垫导轨验证牛顿第二定律

牛顿(Isaac Newton，1643—1727 年，英国物理学家、数学家和天文学家)是 17 世纪最伟大的科学巨匠。在物理学上，牛顿基于伽利略、开普勒等人的工作，建立了三条运动基本定律和万有引力定律，并建立了经典力学的理论体系。在光学方面，牛顿发现白色日光由不同颜色的光构成，并制成"牛顿色盘"。关于光的本性，牛顿创立了光的"微粒说"。牛顿运动定律是在观察和实验的基础上归纳总结出来的，已被公认为宏观自然规律。本实验通过观察、测量及计算，得到物体的加速度与其质量及所受外力的关系，进而验证牛顿第二定律。实验中采用气垫导轨和电脑计数器，可使牛顿第二定律的定量研究获得较理想的结果。

【实验目的】

(1) 学习气垫导轨和电脑计数器的调整方法。

(2) 验证牛顿第二定律。

【实验仪器】

气垫导轨、气源、滑块、砝码、电脑计数器等。

【实验原理】

验证性实验是在已知某一理论的条件下进行的。所谓验证，是指实验结果与理论结果完全一致，这种一致实际上是实验装置、方法在误差范围内的一致。由于实验条件和实验水平的限制，有时可能导致实验结果与理论结果之差超出了实验误差的范围，因此验证性实验是属于难度很大的一类实验，要求具备较高的实验条件和实验水平。本实验通过直接测量牛顿第二定律所涉及的各物理量的值，并研究它们之间的定量关系，从而进行直接验证。

1. 速度的测量

当悬浮在水平气垫导轨上的滑块所受合外力为零时，滑块将在导轨上静止或做匀速直线运动。在滑块上装两个挡光板，当滑块通过某一个光电门时，第一个挡光板挡住照在光电管上的光，计数器开始计时，当另一个挡光板再次挡光时，计数器停止计时，这样计数器数字显示屏上就显示出两个挡光板通过光电门的时间 Δt。

如果两个挡光板轴线之间的距离为 ΔL，则可以计算出滑块通过光电门的平均速度 v 为

$$v=\frac{\Delta L}{\Delta t} \tag{3.3.1}$$

由于 ΔL 比较小(1 cm 左右)，在 ΔL 范围内滑块的速度变化很小，因而可把 v 看作滑块经过光电门的瞬时速度。

2. 加速度的测量

在气垫导轨上设置两个光电门，其间距为 S。使受到水平恒力作用的滑块(做匀加速直线运动)依次通过这两个光电门，计数器可以显示出滑块分别通过这两个光电门的时间 Δt_1、Δt_2 及通过两光电门的时间间隔 Δt。滑块滑过第一个光电门的初速度 $v_1=\frac{\Delta L}{\Delta t_1}$，滑块

滑过第二个光电门的末速度 $v_2 = \dfrac{\Delta L}{\Delta t_2}$，则滑块的加速度为

$$a = \frac{v_2 - v_1}{\Delta t} \text{ 或 } a = \frac{v_2^2 - v_1^2}{2S} \tag{3.3.2}$$

3. 验证牛顿第二定律

按照牛顿第二定律，对于一质量为 M 的物体，其所受的合外力 $F_合$ 与物体获得的加速度 a 之间的关系为

$$F_合 = Ma \tag{3.3.3}$$

验证牛顿第二定律可分为以下两步：

(1) 验证物体的质量 M 一定时，其所受合外力 $F_合$ 与物体的加速度 a 成正比。

(2) 验证合外力 $F_合$ 一定时，物体的加速度 a 与其质量 M 成反比。

【实验内容及步骤】

1. 调节气垫导轨水平

(1) 静态调平(粗调)。调节导轨底脚螺丝，使滑块在导轨上做无定向的自然运动，若滑块可静止在导轨上，可以认为导轨被初步调平。

(2) 动态调平(细调)。用适当的力推动滑块，使它依次通过两个光电门，要求滑块通过两个光电门的时间 Δt_1 和 Δt_2 的相对差异小于 1%，或者通过两个光电门的瞬时速度 v_1 和 v_2 的相对差异小于 1%，否则应继续调节导轨底脚螺丝，直至达到要求。

2. 验证牛顿第二定律

1) 物体系的总质量 M 一定，验证外力与加速度成正比

(1) 在导轨上固定两个光电门，将线一端系在滑块上，另一端通过气垫滑轮与砝码盘相连。在滑块上放置两个砝码，砝码盘上放一个砝码，砝码盘自身质量为 5 g。滑块置于远离气垫滑轮的导轨另一端，由静止释放，在砝码盘及一个砝码所受重力作用下，滑块做匀加速直线运动，由计数器重复三次测量加速度 a_1(注意：滑块释放的初始位置必须一致，靠近气垫滑轮的光电门安放位置要合适，防止滑块尚未通过此光电门而砝码盘已落到地面上)。

(2) 将一个砝码从滑块上取下，放入砝码盘中，重复上述实验步骤，测出滑块加速度 a_2。

(3) 再将滑块上的另一个砝码取下，也放入砝码盘中(此时盘中砝码总数为 3 个)，仍然重复上述实验步骤，测出滑块加速度 a_3。

(4) 记录 m_1、m_2 和 M 的值(m_2 指砝码盘及盘中砝码的质量之和，M 为滑块、砝码盘及盘中砝码的质量之和)，计算出作用力 F_1、F_2 和 F_3。

2) 物体系所受外力 F 一定，验证物体系的质量与加速度成反比

(1) 在砝码盘中放入一个砝码，测出在此作用力下，质量为 m_1 的滑块运动的加速度 a。

(2) 保持砝码盘中的砝码不变(外力一定)，将一质量为 m_1' 的砝码放在质量为 m_1 的滑块上，测出在此作用力下，滑块组运动的加速度 a'。

(3) 以上测量重复进行三次，记录物体的总质量 M 和 M'。

【实验数据记录及处理】

1) 物体的总质量 M 一定，验证外力与加速度成正比

(1) 依据表 3.3.1 中的数据，计算出外力不同时加速度的三个平均值 a_1、a_2 和 a_3。

表 3.3.1 验证质量不变时外力和加速度成正比 ($M = 130$ g)

自由落体质量/g	$m =$	$m' =$	$m'' =$
外力 (F)	$F_1 =$	$F_2 =$	$F_3 =$
加速度 $a/(\text{cm/s}^2)$			

(2) 计算出不同外力作用下加速度的理论值并与测量值进行比较。以理论值为标准值，求出误差，并表达出测量结果。

(3) 计算出 F_1/a_1、F_2/a_2、F_3/a_3 的值，并得出相应结论。

2) 物体系所受外力 F 一定，验证物体的质量与加速度成反比

(1) 依据表 3.3.2 中的数据，计算不同质量条件下，滑块各次运动的加速度的平均值。

表 3.3.2 验证作用力一定时质量和加速度成反比 ($F = 0.05$ N)

总质量/g	$M =$	$M' =$
加速度 $a/(\text{cm/s}^2)$		

(2) 计算出作用力一定、不同质量条件下加速度的理论值，并与测量值比较，求出误差。

(3) 计算 M/M' 和 a'/a 的值，并得出相应结论。

【思考题】

(1) 在验证牛顿第二定律时，为何将滑块上减去的砝码放在砝码盘上？

(2) 若考虑到各种因素，当滑块在气垫导轨上经过两个光电门的时间完全相等时，是否可以认为导轨已真正处于水平状态？为什么？

【拓展阅读：气垫导轨】

气垫导轨是一种阻力极小的力学实验装置，它利用气源将压缩空气打入导轨型腔，再由导轨表面上的小孔喷出气流，在导轨与滑行器之间形成很薄的气膜，将滑行器浮起，并使滑行器能在导轨上作近似做无阻力的直线运动。

1. 仪器介绍

气垫导轨实验装置由导轨、滑块和光电测量系统组成。

1) 导轨

导轨(见图 3.3.1)的主体是一根长约 1.5 m 的截面为三角形的金属空腔管,在空腔管的侧面钻有两排等间距并错开排列的喷气小孔。空腔管一端密封,另一端装有进气嘴与气泵相连,气泵将压缩空气送入空腔管后,再由小孔高速喷出。在导轨上安放滑块,导轨下安装调节水平用的底脚螺丝和用于测量光电门位置的标尺。整个导轨通过一系列直立的螺杆安装在口字形铸铝梁上。

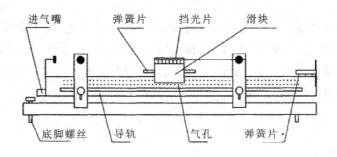

图 3.3.1　导轨

2) 滑块

滑块是由长约 0.100~0.300 m 的角铝做成的,其角度经过校准,内表面经过细磨,可与导轨的两个上表面很好地吻合。当导轨的喷气小孔喷气时,在滑块和导轨这两个相对运动的物体之间,形成一层厚约 0.05~0.20 mm 流动的空气薄膜(即气垫)。由于空气的黏滞阻力几乎可以忽略不计,这层薄膜就成为极好的润滑剂,这时虽然还存在气垫对滑块的黏滞阻力和周围空气对滑块的阻力,但这些阻力和通常接触摩擦力相比,是微不足道的。气垫消除了导轨对运动物体(滑块)的直接摩擦,因此滑块可以在导轨上做近似无摩擦的直线运动。滑块中部的上方水平安装着挡光片,与光电门和计时器相配合,测量滑块经过光电门的时间或速度。滑块上还可以安装配重块(即金属片,用以改变滑块的质量)、接合器及弹簧片等附件,用于完成不同的实验。必须保持滑块纵向及横向的对称性,使其质心位于导轨的中心线且越低越好,至少不宜高于碰撞点。

3) 光电测量系统

光电测量系统由光电门和光电计时器组成,其结构和测量原理如图 3.3.2 所示。当滑块从光电门旁经过时,安装在其上方的挡光片穿过光电门,从光电门发射器发出的红外光被挡光片遮住而无法照到接收器上,此时接收器会产生一个脉冲信号。在滑块经过光电门的整个过程中,挡光片两次遮光,则接收器共产生两个脉冲信号,计时器测出这两个脉冲信号之间的时间间隔为 Δt。Δt 的作用与停表相似:第一次挡光相当于开启停表(开始计时),第二次挡光相当于关闭停表(停止计时),这种计时方式比手动停表所产生的系统误差要小得多,光电计时器显示的精度也比停表高得多。如果预先确定了挡光片的宽度,即挡光片两翼的间距 ΔS,则可求得滑块经过光电门的速度 $v = \Delta S/\Delta t$(本实验中 $\Delta S = 1.00$ cm)。

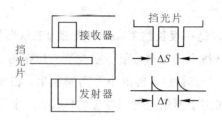

图 3.3.2　光电测量系统

光电计时器以单片机为核心，配有相应的控制程序，具有计时 1、计时 2、计数等多种功能。"功能键"兼具"功能选择"和"复位"两种功能。当光电门没遮住光时，按此键会选择新的功能；当光电门遮住光时，按此键则清除当前的数据（复位）。转换键可以在计时 1 和计时 2 之间交替翻查 24 个时间记录。

2. 仪器调节

1）导轨的调平

横向调平是借助于水平仪调节横向两个底脚螺丝来完成的；纵向调平有静态调节和动态调节两种方法。

（1）静态调节法。

当打开气泵给导轨通气时，将滑块放在导轨上，观察滑块向哪一端移动，就说明哪一端低。调节导轨底脚螺丝直至滑块保持不动或者稍有滑动但无一定的方向性为止。原则上，应把滑块放在导轨上几个不同的地方进行调节。如果发现把滑块放在导轨上某点的两侧时，滑块都向该点滑动，则表明导轨不直，并在该点处下凹（这属于导轨的固有缺欠，本实验条件无法继续调整）。静态调节法只作为导轨的初步调平。

（2）动态调节法。

轻拨滑块使其在导轨上滑行，测出滑块通过两光电门的时间 Δt_1 和 Δt_2，若 Δt_1 和 Δt_2 相差较大则说明导轨不水平。由于空气阻力的存在，即使导轨完全水平，滑块也在做减速运动，即 $\Delta t_1 < \Delta t_2$，所以不必使二者相等。

2）检查并调节光电计时器

分别将光电门 1、2 的导线插入计时器的 P1、P2 插口，打开电源开关，按功能键点亮指示灯。当滑块经过光电门 1 时，仪器显示滑块经过距离 ΔS 所需的时间 Δt，滑块再次经过光电门 1 时显示值变化，说明仪器显示工作正常。用同样的方法检查光电门 2 是否工作正常。然后按功能键，清除已存数据，再次按功能键开始功能转换，选择相应的功能挡，准备正式开始测量。

3. 气垫导轨使用注意事项

（1）气孔不喷气时，不得将滑块放在导轨上，更不得将滑块在导轨上滑动。

（2）每次实验前都要把导轨调到水平状态（包括纵向水平和横向水平）。

（3）导轨表面不允许有尘土污垢，使用前需用干净棉花蘸酒精将导轨表面和滑块内表面擦净。

（4）接通气源后，须待导轨空腔内气压稳定、喷气流量均匀后再做实验。

（5）导轨与滑块配合很严密，导轨表面和滑块内表面有良好的直线度、平面度和光洁度。所以，导轨表面和滑块内表面要防止磕碰、划伤和压弯。

（6）在气垫导轨上做实验时，配合使用的附件很多，应将附件放在专用盒里。要防止轻质滑轮、挡光片以及一些塑料零件发生压弯、变形、折断等。

（7）不做实验时，导轨上不得放滑块和其他东西。

实验 3.4　利用气垫导轨验证动量守恒定律

【实验目的】

（1）观察弹性碰撞和完全非弹性碰撞现象。

（2）验证碰撞过程中的动量守恒定律。

【实验仪器】

气垫导轨全套、MUJ - 5C/5B 电脑通用计数器、物理天平、砝码等。

【实验原理】

在水平气垫导轨上放置两个滑块，以两个滑块作为系统，在水平方向不受外力时，两个滑块碰撞前后的总动量应保持不变。设两个滑块的质量分别为 m_1 和 m_2，碰撞前的速度分别为 v_{10} 和 v_{20}，碰撞后的速度分别为 v_1 和 v_2。根据动量守恒定律，有

$$m_1 v_{10} + m_2 v_{20} = m_1 v_1 + m_2 v_2 \tag{3.4.1}$$

测出两个滑块的质量和碰撞前后的速度，就可以验证碰撞过程中动量是否守恒。其中 v_{10} 和 v_{20} 是在两个光电门处的瞬时速度，即 $\Delta x / \Delta t$，Δt 越小则瞬时速度越准确。实验中我们设挡光片的宽度为 Δx，挡光片通过光电门的时间为 Δt，即

$$v_{10} = \frac{\Delta x}{\Delta t_1}, \quad v_{20} = \frac{\Delta x}{\Delta t_2} \tag{3.4.2}$$

本实验分下述两种情况进行验证：

1. 弹性碰撞

两个滑块的相碰端装有缓冲弹簧，它们的碰撞可以看成是弹性碰撞。在碰撞过程中除了动量守恒外，其动能完全没有损失，也遵守机械能守恒定律，有

$$\frac{1}{2} m_1 v_{10}^2 + \frac{1}{2} m_2 v_{20}^2 = \frac{1}{2} m_1 v_1^2 + \frac{1}{2} m_2 v_2^2 \tag{3.4.3}$$

若两个滑块质量相等，即 $m_1 = m_2 = m$，且令 m_2 碰撞前静止，即 $v_{20} = 0$，则由式 (3.4.1)、式 (3.4.3) 可得

$$v_1 = 0, \quad v_2 = v_{10} \tag{3.4.4}$$

即两个滑块将彼此交换速度。

若两个滑块质量不相等，即 $m_1 \neq m_2$，仍令 $v_{20} = 0$，则有

$$m_1 v_{10} = m_1 v_1 + m_2 v_2 \tag{3.4.5}$$

及

$$\frac{1}{2}m_1v_{10}^2=\frac{1}{2}m_1v_1^2+\frac{1}{2}m_2v_2^2 \tag{3.4.6}$$

可得

$$v_1=\frac{m_1-m_2}{m_1+m_2}v_{10},\ v_2=\frac{2m_1}{m_1+m_2}v_{10} \tag{3.4.7}$$

当 $m_1>m_2$ 时，两个滑块相碰后，二者沿相同的速度方向（与 v_{10} 相同）运动；当 $m_1<m_2$ 时，二者相碰后运动的速度方向相反，m_1 将反向，速度应为负值。

2. 完全非弹性碰撞

将两个滑块上的缓冲弹簧去掉，在滑块的相碰端装上尼龙扣，相碰后尼龙扣将两个滑块扣在一起，使之具有同一运动速度，即

$$v_1=v_2=v \tag{3.4.8}$$

若两个滑块质量相等，即 $m_1=m_2=m$，且令 m_2 碰撞前静止，即 $v_{20}=0$，则有

$$v=\frac{1}{2}v_{10} \tag{3.4.9}$$

即两个滑块扣在一起后，质量增加一倍，速度为原来的一半。

若两个滑块质量不相等，即 $m_1\neq m_2$，仍令 $v_{20}=0$，则有

$$m_1v_{10}=(m_1+m_2)v \tag{3.4.10}$$

所以

$$v=\frac{m_1}{m_1+m_2}v_{10} \tag{3.4.11}$$

【实验内容及步骤】

1. 在弹性碰撞的情况下验证动量守恒定律

具体操作步骤如下：

（1）调平气垫导轨，安装光电门，调节两个光电门之间的距离（约为 50 cm），使电脑通用计时器进入工作状态。

（2）将两个质量相等的滑块放置在导轨上，滑块 m_2 置于两个光电门之间的适当位置，滑块 m_1 置于导轨的另一端，使两个滑块上的弹簧相对。

（3）用手轻推滑块 m_1，使其以一定的初速度通过光电门与滑块 m_2 相碰。碰撞后滑块 m_1 静止，滑块 m_2 的速度可由光电门测出。

（4）给滑块 m_1 加上适当砝码，重复步骤（3）。

2. 在完全非弹性碰撞的情况下验证动量守恒定律

具体操作步骤如下：

（1）将两个滑块的弹簧去掉，并安装非弹性碰撞器。

（2）同弹性碰撞的步骤（2）～（4）。

【实验数据记录及处理】

（1）将弹性碰撞情况下测得的数据分别记录在表 3.4.1、表 3.4.2 中，分别验证两个滑块在质量相等和质量不相等情况下碰撞前后的动量守恒定律。

表 3.4.1　实验数据记录表 1

次数	碰　前		碰　后		百分偏差 $E=\dfrac{p_0-p}{p_0}\times100\%$
	相同质量滑块碰撞：$m_1=m_2=$ _____g，$v_{20}=0$ cm/s，$v_1=0$ cm/s				
	$v_{10}/(\text{cm/s})$	$p_0=m_1v_{10}/(\text{g}\cdot\text{cm/s})$	$v_2/(\text{cm/s})$	$p=m_2v_2/(\text{g}\cdot\text{cm/s})$	
1					
2					
3					

表 3.4.2　实验数据记录表 2

不同质量滑块碰撞：$m_1=$ _____g，$m_2=$ _____g，$v_{20}=0$ cm/s

次数	碰　前		碰　后				百分偏差 $E=\dfrac{p_0-(p_1+p_2)}{p_0}$
	$v_{10}/(\text{cm/s})$	$p_0=m_1v_{10}/(\text{g}\cdot\text{cm/s})$	$v_1/(\text{cm/s})$	$p_1=m_1v_1/(\text{g}\cdot\text{cm/s})$	$v_2/(\text{cm/s})$	$p_2=m_2v_2/(\text{g}\cdot\text{cm/s})$	
1							
2							
3							

（2）在完全非弹性情况下测得的数据分别记录在表 3.4.3、表 3.4.4 中，分别验证两个滑块在质量相等和质量不相等情况下碰撞前后的动量守恒定律。

表 3.4.3　数据记录表 3

相同质量滑块碰撞：$m_1=m_2=$ _____g，$v_1=v_2=v$，$v_{20}=0$ cm/s

次数	碰　前		碰　后		百分偏差 $E=\dfrac{p_0-p}{p_0}\times100\%$
	$v_{10}/(\text{cm/s})$	$p_0=m_1v_{10}/(\text{g}\cdot\text{cm/s})$	$v/(\text{cm/s})$	$p=(m_1+m_2)v/(\text{g}\cdot\text{cm/s})$	
1					
2					
3					

表 3.4.4　数据记录表 4

不同质量滑块碰撞：$m_1=$ _____g，$m_2=$ _____g，$v_1=v_2=v$，$v_{20}=0$ cm/s

次数	碰　前		碰　后		百分偏差 $E=\dfrac{p_0-p}{p_0}\times100\%$
	$v_{10}/(\text{cm/s})$	$p_0=m_1v_{10}/(\text{g}\cdot\text{cm/s})$	$v/(\text{cm/s})$	$p=(m_1+m_2)v/(\text{g}\cdot\text{cm/s})$	
1					
2					
3					

【思考题】

（1）为了验证动量守恒定律，本实验操作中应如何保证实验条件，以减小测量误差？

（2）为了使滑块在气垫导轨上匀速运动，是否应调节导轨为完全水平？应怎样调节才能使滑块受到的合外力近似等于零？

实验 3.5　声 速 测 量

声波是一种在弹性媒质中传播的机械波，频率低于 20 Hz 的声波称为次声波；频率为 20 Hz～20 kHz 的声波可以被人耳听到，称为可闻声波；频率在 20 kHz 以上的声波称为超声波。

超声波在媒质中的传播速度与媒质的特性及状态因素有关，因而通过测定媒质中的声速，可以了解媒质的特性或状态变化。例如，测量氯气（气体）或蔗糖（溶液）的浓度、氯丁橡胶乳液的比重以及输油管中不同油品的分界面等，都可以通过测定这些物质中的声速来解决。可见，声速测定在工业生产上具有一定的实用意义。另外，通过测量液体中的声速，可了解水下声呐技术的应用情况。

【实验目的】

（1）了解压电换能器的功能，加深对驻波及振动合成等理论知识的理解。

（2）学习用共振干涉法和相位比较法测定超声波的传播速度。

【实验仪器】

SV4 型声速测定仪。

【实验原理】

声波在传播过程中，其波速 v、波长 λ 和频率 f 之间存在着下列关系：

$$v = f \cdot \lambda \tag{3.5.1}$$

实验中可通过测定声波的波长 λ 和频率 f 来求得声速 v。

1. 共振干涉法（驻波法）测量声速的原理

当两束幅度相同、方向相反的声波相交时，会产生干涉现象，出现驻波。

对于波束 1 有：

$$F_1 = A \cdot \cos\left(\omega t - 2\pi \frac{x}{\lambda}\right) \tag{3.5.2}$$

对于波束 2 有：

$$F_1 = A \cdot \cos\left(\omega t + 2\pi \frac{x}{\lambda}\right) \tag{3.5.3}$$

当它们相交时，叠加后的波形成波束 3，且有：

$$F_3 = 2A \cdot \cos\left(2\pi \frac{x}{\lambda}\right) \cdot \cos\omega t \tag{3.5.4}$$

其中，ω 为声波的角频率，t 为声波传播的时间，x 为声波传播的距离。

由此可见，叠加后的声波幅度随距离按 $\cos\left(2\pi \dfrac{x}{\lambda}\right)$ 变化，接收信号图如图 3.5.1 所示。

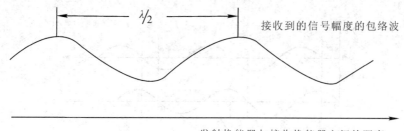

图 3.5.1　接收信号图

压电陶瓷换能器S_1作为声波发射器(即声源),它由信号源提供交流电信号,利用逆压电效应发出平面超声波;而换能器S_2则作为声波的接收器,利用正压电效应将接收到的声压转换成电信号,然后输入示波器。我们在示波器上可看到一组由声压信号产生的正弦波形。声源S_1发出的声波,经介质传播到接收器S_2,S_2在接收声波信号的同时反射部分声波信号,如果接收面(S_2)与发射面(S_1)严格平行,则入射波在接收面上垂直反射,入射波与发射波相干涉形成驻波。我们在示波器上观察到的实际上是这两个相干波合成后在声波接收器S_2处的振动情况。移动S_2位置(即改变S_1与S_2之间的距离),从示波器显示上会发现当S_2在某些位置时振幅有最小值或最大值。根据波的干涉理论可以知道:任何两个相邻的振幅最大值之间或振幅最小值之间的距离均为$\lambda/2$。为测量声波的波长,可以在观察示波器上声压振幅值的同时,缓慢地改变S_1和S_2之间的距离。在示波器上就可以看到声振动幅值不断地由最大变到最小再变到最大,两相邻的振幅最大值之间S_2移动过的距离亦为$\lambda/2$。超声换能器S_2至S_1之间的距离的改变可通过转动螺杆的鼓轮来实现,而超声波的频率又可由声波测试仪信号源频率显示窗口直接读出。在连续多次测量相隔半波长的S_2的位置变化及声波频率f以后,可运用测量数据计算出声速,用逐差法处理测量的数据。

2. 相位比较法测量声速的原理

声源S_1发出声波后在其周围形成声场,声场在介质中任一点的振动相位是随时间而变化的,但它与声源的振动相位差$\Delta\Phi$不随时间变化。

设声源方程为

$$F_1 = F_{01}\cos\omega t \tag{3.5.5}$$

距声源x处S_2接收到的振动为

$$F_2 = F_{02}\cos\omega\left(t - \frac{x}{v}\right) \tag{3.5.6}$$

两处振动的相位差:

$$\Delta\Phi = \omega\,\frac{x}{v} \tag{3.5.7}$$

将S_1和S_2的信号分别输入到示波器的X轴和Y轴,当$x=n\lambda$,即$\Delta\Phi=2n\pi$时,合振动为一斜率为正的直线;当$x=(2n+1)\lambda/2$,即$\Delta\Phi=(2n+1)\pi$时,合振动为一斜率为负的直线;当x为其他值时,合振动为椭圆。合振动图形如图 3.5.2 所示。

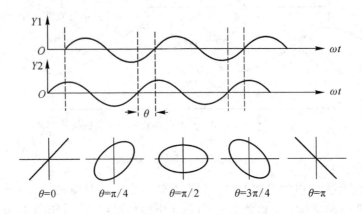

图 3.5.2　合振动图形

【实验内容及步骤】

1. 声速测量系统的连接

声速测量时，专用信号源、声速测定仪、示波器之间的连接方法见图 3.5.3。

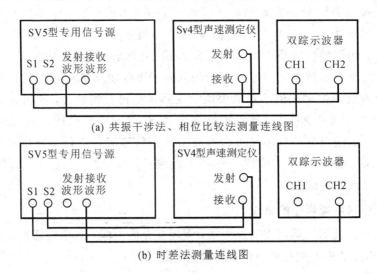

(a) 共振干涉法、相位比较法测量连线图

(b) 时差法测量连线图

图 3.5.3　不同声速测量方法的连线图

2. 谐振频率的调节

根据测量要求初步调节好示波器，将专用信号源输出的正弦信号频率调节到换能器的谐振频率，以使换能器发射出较强的超声波，能较好地进行声能与电能的相互转换，从而得到较好的实验效果。谐振频率的调节方法如下：

(1) 将专用信号源的"发射波形"端接至示波器，然后调节示波器，使之能清楚地观察到同步的正弦波信号。

(2) 转动专用信号源的上"发射强度"旋钮，使其输出电压在 20 V 左右，然后将换能器的接收信号接至示波器，调整信号频率(25~45 kHz)，观察接收波的电压幅度变化，在某一频率点处(34.5~39.5 kHz，因不同的换能器或介质而异)电压幅度最大，此频率即是压电换能器S_1、S_2的匹配频率点，记录此频率f_i。

（3）改变S_1、S_2的距离，使示波器的正弦波振幅最大，然后再次调节正弦信号频率，直至示波器显示的正弦波振幅达到最大值。共测 5 次，取平均频率。

3. 测量声速的步骤

1）共振干涉法（驻波法）测量波长

将测试方法设置到连续波方式。按前述方法确定最佳工作频率，观察示波器，找到接收波形电压幅度的最大值，并记录幅度最大时 S_1 与 S_2 之间的距离，由数显尺直接读出或在机械刻度上读出，记下S_2 位置X_0。然后，沿着相同方向调节鼓轮，这时波形的幅度会发生变化（同时在示波器上可以观察到来自接收换能器的振动曲线波形发生相移），逐个记下振幅最大的X_1，X_2，$\cdots$，X_{10}共 10 个点，则单次测量的波长$\lambda_i = 2|X_i - X_{i-1}|$，用逐差法处理这些数据，即可得到波长$\lambda$。

2）相位比较法（李萨如图法）测量波长

将测试方法设置到连续波方式。按前述方法确定最佳工作频率，接收波接到双踪示波器"CH1"，发射波接到"CH2"，显示方式选择"X－Y"，适当调节示波器，出现李萨如图形。调节鼓轮，当观察到波形为一定角度的斜线时，记下 S_2 的位置X_0，再向前或者向后（必须是一个方向）移动距离，使观察到的波形又回到前面所说的特定角度的斜线，这时来自接收换能器S_2的振动波形发生了 2π 相移。依次记下示波器屏上斜率为负、正变化的直线出现的对应位置X_1，X_2，$\cdots$，X_{10}，则单次测量的波长$\lambda_i = 2|X_i - X_{i-1}|$，然后用逐差法处理这些数据，即可得到波长$\lambda$。

3）干涉法、相位法的声速计算

已知波长λ和平均频率f（频率由声速测定仪信号源频率显示窗口直接读出），则声速为 $v = f\lambda$。

由于声速还与介质温度有关，故请记下介质温度 $t(℃)$。

【实验数据记录及处理】

（1）自拟表格记录所有的实验数据，表格要便于用逐差法求相应位置的差值和计算λ。示例表格见表 3.5.1。

表 3.5.1　数据记录表

i	X_i/cm	$i+10$	X_{i+10}/cm	$\lambda = \frac{1}{10}|X_{i+10} - X_i|$/cm	$\bar{\lambda}$/cm
1		11			
2		12			
$\vdots$		$\vdots$			
10		20			

（2）以空气介质为例，计算出共振干涉法和相位比较法测得的波长平均值$\bar{\lambda}$及其标准偏差S_λ，同时考虑仪器的示值读数误差为 0.01 mm。经计算可得波长的测量结果 $\lambda = \bar{\lambda} + \Delta\lambda$。

（3）按理论值公式$v_s = v_0\sqrt{\dfrac{T}{T_0}}$，算出理论值$v_s$，式中$v_0 = 331.45$ m/s 为$T_0 = 273.15$ K

时的声速，$T = (t + 273.15)$ K。

（4）计算出通过两种方法测量的 v 以及 Δv 值，其中 $\Delta v = v - v_s$。

（5）将实验结果与理论值比较，计算百分比误差，分析误差产生的原因。

实验结果可写为：在室温为_____℃时，用共振干涉法（相位法）测得超声波在空气中的传播速度为 $v = \pm$_____m/s，$\delta = \dfrac{\Delta v}{v_s} =$_____%。

【思考题】

（1）声速测量中共振干涉法、相位比较法、时差法有何异同？

（2）为什么要在谐振频率条件下进行声速测量？如何调节测量系统并判断其是否处于谐振状态？

（3）为什么发射换能器的发射面与接收换能器的接收面要保持互相平行？

（4）声音在不同介质中传播时有何区别？声速为什么会不同？

【拓展阅读：压电换能器】

压电换能器能实现声压和电压之间的转换。压电换能器作为波源具有平面性、单色性好以及方向性强的特点。同时，由于其频率在超声范围内，故一般的音频对它没有干扰。压电换能器的结构示意图见图 3.5.4。压电换能器由压电陶瓷片和轻、重两种金属组成。压电陶瓷片由一种多晶结构的压电材料（如钛酸钡、锆钛酸铅等）做成，在一定的温度下经极化处理后，具有压电效应。在简单情况下，压电材料受到与极化方向一致的应力 T 时，在极化方向上产生一定的电场强度 E，应力与电场强度之间有一简单的线性关系 $E = gT$；反之，当与极化方向一致的外加电压 U 加在压电材料上时，材料的伸缩形变 S 与电压 U 也有线性关系 $S = dU$。比例常数 g、d 称为压电常数，与材料性质有关。由于 E 与 T、S 与 U 之间具有简单的线性关系，因此我们可以将正弦交流电信号转变成压电材料纵向长度的伸缩，成为声波的声源，同样也可以使声压变化转变为电压的变化，用来接收声信号。在压电陶瓷片的头尾两端胶粘两块金属，组成夹心形振子。头部用轻金属做成喇叭形，尾部用重金属做成柱形，中部为压电陶瓷圆环，紧固螺钉穿过环中心。这种结构增大了辐射面积，增强了振子与介质的耦合作用，由于振子是以纵向长度的伸缩直接影响头部轻金属做同样的纵向长度伸缩（对尾部重金属作用小），这样所发射的波方向性强，平面性好。

压电换能器谐振频率为 (35 ± 3) kHz，功率不小于 10 W。

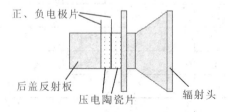

图 3.5.4　压电换能器结构

实验 3.6　单摆法测重力加速度

单摆用于钟表计时已经有几百年的历史，现代复杂而精确的钟表的原理也基于简单的单摆。在单摆的运动中蕴涵着时间、万有引力、简谐运动等物理奥秘。

【实验目的】

（1）练习使用停表和米尺，测量单摆的周期和摆长。

（2）求出当地重力加速度 g 的值。

（3）了解单摆的系统误差对测量重力加速度的影响。

【实验仪器】

单摆、停表、钢卷尺或米尺、摆球、游标卡尺等。

【实验原理】

用一不可伸长的轻线悬挂一小球（如图 3.6.1 所示），小球做幅角 θ 很小的摆动，这就是一个单摆。

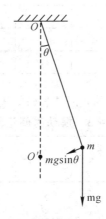

图 3.6.1　单摆的受力图

设小球的质量为 m，其质心到摆的支点 O 的距离为 l（摆长）。作用在小球上的切向力的大小为 $mg\sin\theta$，该力总指向平衡点 O'。当 θ 角很小时，有 $\sin\theta \approx \theta$，则切向力的大小为 $mg\theta$，按牛顿第二定律，质点的运动方程为

$$\frac{\mathrm{d}^2\theta}{\mathrm{d}t^2} = -\frac{g}{l}\theta \tag{3.6.1}$$

这是一个简谐运动方程，可知该简谐振动角频率 ω 的平方等于 g/l，由此得出：

$$T = 2\pi\sqrt{\frac{l}{g}} \tag{3.6.2}$$

$$g = 4\pi^2\frac{l}{T^2} \tag{3.6.3}$$

实验时，测量一个周期 T 的相对误差较大，一般是测量连续摆动 n 个周期的时间 t，则 $T = t/n$，因此

$$g = 4\pi^2\frac{n^2 l}{t^2} \tag{3.6.4}$$

式中 π 和 n 不考虑误差，因此 g 的不确定度传递公式为

$$u(g) = g\sqrt{\left(\frac{u(l)}{l}\right)^2 + \left(2\frac{u(t)}{t}\right)^2} \tag{3.6.5}$$

从上式可以看出，在 $u(l)$、$u(t)$ 大休一定的情况下，增大 l 和 t 对测量 g 有利。

【实验内容及步骤】

1. 测重力加速度 g

对摆长为 l 的单摆，在 $\theta < 5°$ 的情况下，测量单摆连续摆动 n 次的时间 t，求 g 的值。要重复测几次。适当选取 $g = 4\pi^2 \dfrac{n^2 l}{t^2}$ 和 n 的值，争取使测得的 g 值的相对不确定度不大于 0.5%。

（1）用游标卡尺测球的直径 d。

（2）用米尺测摆线长 x，记录表格如表 3.6.1 所示。

表 3.6.1　摆线长记录表

测量次数	1	2	3	4	5	平均值
d/cm						
x/cm						

（3）用电子秒表测 $n = 50$ 时的 t 值，记录表格如表 3.6.2 所示。

表 3.6.2　摆动时间记录表

测量次数	1	2	3	4	5	平均值
t/s						

（4）用公式 $g = 4\pi^2 \dfrac{n^2 l}{t^2}$ 求 g，其中 $l = x + \dfrac{d}{2}$。

（5）分析所测量的重力加速度的不确定度。

测量时应注意以下几点：

（1）摆长 l 应是摆线长度与小球半径之和。

（2）球的振幅小于摆长的 $\dfrac{1}{12}$ 时，$\theta < 5°$。

（3）握停表的手和小球同步运动，测量不确定度可能小些。

（4）当摆锤过平衡位置 O' 时，按表计时，测量不确定度可能小些。

（5）为了防止数错 n 值，应在计时开始时从"零"开始计数，以后每过一个周期，数 1，2，$\cdots$，n。

2. 考察摆线质量对测 g 的影响

按单摆理论，单摆摆线的质量应非常小，这是指摆线质量应远小于小球的质量，一般实验室的单摆摆线质量小于小球质量的 0.3%，这对测 g 的影响很小，所以这种影响在此实验条件下是感受不到的。为了让摆线的质量对测量的影响大到足以能感受到，要用粗的摆线，摆线的质量达到小球质量的 1/30 左右。（注意：用这样粗的摆线去测 g，摆线质量对测 g 的影响也不是很大，还要细心去测才能感受到粗线的影响。）

3. 考查空气浮力对测 g 的影响

在单摆理论中未考虑空气浮力的影响，实际上单摆的小球是铁制的，它的密度远大于空气密度,因此在上述测量中显示不出浮力的效应。

　　为了显示浮力的影响,就要选用平均密度小的锤。可以用细线吊起一乒乓球作为单摆去测 g,然后和上述使用铁球测得的结果相比。(注意:除去空气浮力的作用,还有空气阻力使得乒乓球的摆动衰减较快,另外空气流动也可能产生较大影响,因此测量时应很仔细)。

【思考题】

　　(1) 设单摆在摆角 θ 接近 $0°$ 时的周期为 T_0,任意幅角 θ 时周期为 T,这两个周期间的关系近似为 $T=T_0\left(1+\frac{1}{4}\sin^2\frac{\theta}{2}\right)$。若在 $\theta=10°$ 条件下测得 T 值,将给 g 值引入多大的相对不确定度?

　　(2) 用停表测量单摆摆动一周的时间 T 和摆动 50 周的时间 t,试分析二者的不确定度是否相近? 相对不确定度是否相近? 从中有何启示?

实验 3.7　混合量热法测固体比热容

　　比热容是单位质量的物质温度升高 1℃时需吸收的热量,它的测量是物理学的基本测量之一。比热容的测量方法很多,有混合法、电热法、冷却法等。由于散热因素很难控制,不管用哪种方法,测量准确度都很低。但实验测量比理论计算简单、方便,有实用价值。应当在实验中进行误差分析,找出减小误差的方法。

【实验目的】

　　(1) 掌握基本量热器的使用方法。

　　(2) 学会用混合法测量固体比热容。

【实验仪器】

　　量热器(见图 3.7.1)、电热杯、物理天平、待测金属块、温度计。

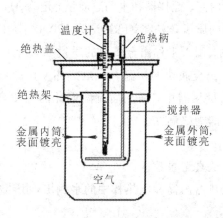

图 3.7.1　量热器示意图

【实验原理】

　　将两个温度不同的物体混合后,热量将由高温物体传给低温物体。如果在混合过程中整个系统和外界没有热交换，则两个物体将达到均匀稳定的平衡温度。在这个过程中，高温物体放出的热量等于低温物体吸收的热量，即热平衡原理。本实验即根据热平衡原理用混合量热法测定固体比热容。

量热器内筒装有温度为T_1℃的水，将质量为m克、温度为T_2℃的金属块迅速放到内筒中，热平衡后温度为T℃。在此过程中，金属块因放热而降温；水和量热器内筒、搅拌器因吸热而升温。

金属块放出的热量为

$$Q = mc(T_2 - T) \tag{3.7.1}$$

水吸收的热量为

$$Q_1 = m_1 c_1 (T - T_1) \tag{3.7.2}$$

量热器内筒和搅拌器吸收的热量为

$$Q_2 = m_2 c_2 (T - T_1) \tag{3.7.3}$$

式中：m、c——金属块的质量和比热容；

m_1、c_1——水的质量和比热容；

m_2、c_2——量热器内筒、搅拌器（黄铜材料）的质量和比热容。

忽略温度计吸收的热量，根据热平衡原理有：

$$Q = Q_1 + Q_2 \tag{3.7.4}$$

$$mc(T_2 - T) = (m_1 c_1 + m_2 c_2)(T - T_1) \tag{3.7.5}$$

得到：

$$c = \frac{(m_1 c_1 + m_2 c_2)(T - T_1)}{m(T_2 - T)} \tag{3.7.6}$$

【实验内容及步骤】

（1）向量热器内筒中加入一定量的冷水，测出温度，记为T_1。

（2）用天平称出量热器内筒、搅拌器和水的总质量，记为M，则水的质量为$m_1 = M - m_2$（m_2为量热器内筒和搅拌器的质量，实验室已给出为120.92 g）。

（3）将电热杯盛水加热，用天平称出金属块的质量m，待水沸腾后，轻轻放入金属块，待温度稳定后，用温度计测出金属块的初温T_1，电热杯停止加热。

（4）将金属块迅速投入量热器中，插上插有温度计的橡皮塞，并不断搅拌，此时水温不断升高，记下平衡温度，即为终温T。

（5）根据式（3.7.6）求出c。

（6）重复测量3次，并认真记录数据。

（7）实验完毕后，将量热器内筒和电热杯中的水倒出，用纸擦干金属块。

【实验数据记录及处理】

实验理论参数如下：水的比热容c_1为4.173×10^3 J/(kg · ℃)；黄铜的比热容c_2为0.378×10^3 J/(kg · ℃)。

（1）将实验中测出的各个数值填入表3.7.1中。

表 **3.7.1**　**实验数据记录表**

被测量 测量次数	m/g	M/g	$m_1=M-m_2/g$	$T_1/℃$	$T_2/℃$	$T/℃$
1						
2						
3						
平均值						

（2）将各个测量数值代入式（3.7.6）中，求得 c，根据重复实验值取平均值，再求算术平均值的标准偏差，写出测量结果的标准表达式。

【实验注意事项】

（1）缩短操作时间，在将被测物体从沸水中取出，然后倒入量热器内筒并盖好橡皮塞的整个过程中，动作要快而不乱，以减少热量的损失。

（2）严防有水附着在量热器外筒，以免蒸发时带走过多的热量。

（3）不在空气流通过快的地方或在暖气旁做实验，量热器不要放在太阳光下进行实验。

实验 3.8　混合量热法测冰的熔解热

【实验目的】

（1）通过实验进一步巩固热学基本概念，如温度、热量、比热及熔解热等。

（2）了解量热学的基本方法——混合法。

【实验仪器】

量热器、温度表、搅拌器、物理天平、量筒、水、冰。

【实验原理】

1 千克质量的某种晶体熔解成为同温度的液体所吸收的热量，叫作熔解热，一般用 L 表示，单位是 J/kg。

本实验用混合量热法测定冰的熔解热，其基本做法如下：把待测系统 A 与某已知比热容的系统 B 相混合，并设法使其成为一个与外界无热量交换的孤立系统。这样 A（或 B）所放出的热量将全部为 B（或 A）所吸收，因而满足热平衡方程：

$$Q_{吸}=Q_{放} \tag{3.8.1}$$

已知比热容的系统在实验过程中所传递的热量 Q 是可以由其温度的改变 ΔT 及其比热容 c 计算出来的，即

$$Q=c\Delta T \tag{3.8.2}$$

于是，待测系统在实验过程中所传递的热量即可求得。冰的熔解热也可以据此测定。设冰的质量为 M，温度为 T_0 的冰块与质量为 m、温度为 T_1 的水相混合，冰全部熔解为水后，测得平衡温度为 T_2。假定量热器内筒与搅拌器的质量分别为 $m_内$、$m_搅$，其比热容分别

为 $c_内$ 和 $c_搅}$（注：实验室量热器内筒与搅拌器为相同材质，所以有 $c_内=c_搅$），水的比热容为 $c_水$，则有热平衡方程：

$$c_水 \, m_冰(T_2-T_0)+m_冰 L=(c_水 \, m_水+c_内 \, m_内+c_搅 \, m_搅)(T_1-T_2) \tag{3.8.3}$$

式中，$T_0=0℃$。

于是可得冰的熔解热为

$$L=\frac{1}{m_冰}(c_水 \, m_水+c_内 \, m_内+c_搅 \, m_搅)(T_1-T_2)-c_水 \, T_2 \tag{3.8.4}$$

【实验内容及步骤】

（1）用物理天平分别称量出量热器内筒和搅拌器的质量 $m_内$ 和 $m_搅$。

（2）将实验用的水温 T 加热到约比室温高 3℃～5℃，然后注入量热器内筒（约为容积的 2/3 左右），用天平测出水的质量 $m_水$。

（3）盖好量热器的盖子，插入温度计，轻轻地搅拌，待系统温度稳定后记下温度计的示值 T_1。

（4）揭开盖子将冰块迅速而轻轻地放入水中，立即盖好盖子，轻轻搅拌并注视温度计，此时温度逐渐下降，到温度不再下降时，可观察一下冰块是否完全熔解，待冰块正好熔完时，记下系统的温度 T_2。

（5）用天平称出量热器内筒、搅拌器及混合后液体的总质量，计算出冰块的质量 $m_冰$。

（6）将以上测得的实验数据代入式(3.8.4)，计算第一次测量的熔解热 L_1 值。

（7）在分析上次实验情况的基础上，确定初温 T_1 及冰的质量 $m_冰$ 等大体上应取多少，然后再重复步骤(2)～(6)，计算第二次测量的熔解热 L_2 值。

（8）重复 3 次，然后求出 3 次实验的平均值，并与标准值($L=334.4 \text{ J/g}$)比较，求出相对误差。

【实验数据记录及处理】

量热器内筒及搅拌器的比热容由实验室给定。

将实验数据记录到表 3.8.1 所示的表格中。

表 3.8.1　3 次测量冰的熔解热的数据表格

被测量\测量次数	$T_1/℃$	$T_2/℃$	$m_水/g$	$m_冰/g$	$m_内/g$
1					
2					
3					

三次测得冰的熔解热分别为 L_1、L_2、L_3，计算出它们的平均值 $\bar{L}$。

L 的不确定度为

$$\Delta L=\sqrt{\frac{(L_1-\bar{L})^2+(L_2-\bar{L})^2+(L_3-\bar{L})^2}{N(N-1)}} \tag{3.8.5}$$

其中，N 代表实验次数。

理论常量：水的比热容为 $c_{水} = 4.173 \times 10^3$ J/(kg·℃)；铜的比热容为 $c_{内} = c_{筒} = 0.378 \times 10^3$ J/(kg·℃)。

【实验注意事项】

(1) 投放冰块速度要快。

(2) 投冰前后需不停地搅拌。

【思考题】

(1) 根据本实验装置以及操作的具体情况，分析误差产生的主要因素有哪些？

(2) 若冰块投入量热器内筒时表面附有水，将对实验结果有何影响(只需定性说明)？

(3) 整个实验过程为什么要不停地轻轻搅拌？分别说明投冰前后搅拌的作用。

实验 3.9　电热法测固体比热容

本实验采用电热法(即电阻丝和待测物质直接接触)测量固体比热容。输入的热量由电阻丝的电流供给，并由输入的电能测得，这种方法能使被传递热量的测量达到最高准确度。比热容的测定是属于热技术和热物性测定范畴的热实验。

【实验目的】

(1) 掌握基本的量热方法——电热法。

(2) 学会用电热法测量固体的比热容。

【实验仪器】

HLD - ESR - Ⅱ 型电热法固体比热容测定仪、量热器、测温探头、物理天平、连接线、待测金属。

【实验原理】

在量热器中加入质量为 m 的待测物，并加入质量为 m_0 的水，如果加在加热器两端的电压为 U，通过电阻的电流为 I，通电时间为 τ，则电流做功为

$$A = UI\tau \tag{3.9.1}$$

如果这些功全部转化为热能，使量热器系统的温度从 T_1℃升高至 T_2℃，则下式成立：

$$UI\tau = [mc + m_0c_0 + m_1c_1](T_2 - T_1) \tag{3.9.2}$$

即

$$c = \frac{UI\tau - (m_0c_0 + m_1c_1)(T_2 - T_1)}{m(T_2 - T_1)} \tag{3.9.3}$$

式中：c 为待测物体的比热容；c_1 为量热器内筒和搅拌器的比热容；m_1 为量热器内筒、搅拌器及加热器的质量。

为了尽可能使系统与外界交换的热量最小，在实验的操作过程中，应注意以下几点：

(1) 不要直接用手去触摸量热器的任何部分。

(2) 不要在阳光直接照射下进行实验。

(3) 不要在空气流通过快的地方或暖气旁做实验。

此外，由于系统与外界温差越大，它们之间的热量传递越快，而且时间越长传递的热量越多，因此在进行量热实验时，要尽可能使系统与外界的温差小些，并尽量使实验进行得快些。

【实验内容及步骤】

（1）主机与量热器先不相连，打开电源主机预热 3 分钟。

（2）用物理天平测量待测物体的质量 m 及量热器内筒和搅拌器的质量，重复 3 次

（3）用烧杯盛冷水倒入量热器，再称量热器内筒、搅拌器和水的总质量，求出水的质量。

（4）轻轻将待测金属块放入量热器内筒，测初始温度 T_1。

（5）打开电源开关，使电流输出大约为 1.2 A，然后按动计时器的启动键，同时记录电流值。

（6）通电 3 分钟后停止加热，测末温度 T_2。

（7）打开量热器的盖子将内筒晾一晾，重复步骤（3）、（4）、（5）两次。

（8）关掉电源开关，轻轻拿出温度传感器、搅拌器、加热器，将量热器内筒的水倒出，用卫生纸擦干金属块备用。

【实验数据记录及处理】

实验理论参数如下：水的比热容 c_0 为 4.173×10^3 J/(kg·℃)；铜的比热容 c_1 为 0.378×10^3 J/(kg·℃)。

将测量值填入表 3.9.1 和表 3.9.2 中。表中，m' 代表量热器内筒和搅拌器的质量，M 代表量热器内筒、搅拌器及水的质量。

表 3.9.1　质量记录表

被测量　　测量次数	m'/g	M/g	$m_0 = M - m'/g$	m/g
1				
2				
3				
平均值				

表 3.9.2　其他数据记录表

被测量　　测量次数	$T_1/℃$	$T_2/℃$	U/V	I/A
1				
2				
3				

在所测数据的基础上，估算误差 Δc，实验结果表示为：$c = \bar{c} \pm \Delta c$。

【实验注意事项】

（1）仪器加热温度不应超过 50℃。

（2）切勿将加热器裸露在空气中加热。

（3）向量热器中倒水要仔细，防止洒在外面。

【思考题】

（1）为了减少系统与外界的热交换，在实验地点和操作中应注意什么？

（2）水的初温选得太高或太低有什么不好？

（3）系统的终温由什么决定？终温太高或太低有什么不好？

实验 3.10　用落球法测液体的黏滞系数

【实验目的】

（1）根据斯托克斯公式，用落球法测液体的黏滞系数。

（2）学习间接测量结果的误差估算。

【实验仪器】

玻璃圆筒、小塑料球、秒表、螺旋测微计、直尺、镊子、待测液体。

【实验原理】

当金属小球在黏性液体中下落时，它受到三个垂直方向的力，即小球的重力 mg（m 为小球质量）、液体作用于小球的浮力 $\rho_0 g V_{体}$（$V_{体}$ 是小球体积，ρ_0 是液体密度）和黏滞阻力 F（其方向与小球运动方向相反）。如果液体无限深广，则在小球下落速度 v 较小的情况下，有

$$F = 6\pi \eta r v \tag{3.10.1}$$

式（3.10.1）称为斯托克斯公式。式中：r 为小球的半径；η 为液体的黏度，其单位是 Pa·s。

小球开始下落时，由于速度尚小，因此阻力不大，但随着下落速度的增大，阻力随之增大。最后，三个力达到平衡，即

$$mg = \rho_0 g V_{体} + 6\pi \eta v r \quad \left(V_{体} = \frac{1}{6}\pi d^3, \ r = \frac{1}{2}d \right) \tag{3.10.2}$$

由式（3.10.2）可得

$$\frac{1}{6}\pi d^3 (\rho - \rho_0) g = 3\pi \eta v d \tag{3.10.3}$$

其中，ρ 为小球密度 $1.69 \times 10^3 \ \mathrm{kg/m^3}$，$d$ 为小球直径 $5.570 \times 10^{-3} \ \mathrm{m}$。

那么液体的黏滞系数为

$$\eta = \frac{1}{18} \frac{(\rho - \rho_0) g d^2}{v \left(1 + 2.4 \dfrac{d}{D}\right)\left(1 + 1.65 \dfrac{d}{H}\right)} \tag{3.10.4}$$

其中，D 为量筒内直径 $5.25 \times 10^{-2} \mathrm{m}$，$H$ 为量筒高度。

式（3.10.4）中，当液体高度 H 足够高时，有 $\left(1 + 1.65 \dfrac{d}{H}\right) \to 1$，所以式（3.10.4）化简为

$$\eta = \frac{1}{18} \frac{(\rho - \rho_0) g d^2}{v \left(1 + 2.4 \dfrac{d}{D}\right)} \tag{3.10.5}$$

【实验内容及步骤】

（1）实验选用 10 个大小相同的小塑料球，用千分尺测出每个小球的直径（在不同的方向上测 8 次，求其平均直径，注意千分尺的零点读数）。

（2）确定小球在筒内液体中部匀速下落的范围 $N_1 N_3 = l$。

方法：在玻璃筒液体高度范围内上、中、下三处用橡皮筋分别作出标记线 N_1、N_2、N_3，令线间距 $N_1 N_2 = N_2 N_3$，测出小球通过两端液体的时间 t_1 和 t_2。若 $t_1 = t_2$，则说明小球在

N_1N_3 段中做匀速运动。若 $t_1 < t_2$，则说明小球在通过 N_1 后仍做加速运动，应将 N_1、N_2 标记线下移并保持 $N_1N_2 = N_2N_3$，试测几次直到 $t_1 \approx t_2$。

(3) 在 N_1N_3 不变的情况下，重复做 8 次，记录相应的时间 t，并计算其平均值 $\bar{t}$。

(4) 测量线间距 $l = N_1N_3$ 共 8 次，计算其平均值 $\bar{l}$，并计算小球收尾速度 $v = \bar{l}/\bar{t}$。

(5) 测量圆筒内径 D，测量液体的温度(即室温)。

(6) 测小球的密度 ρ，液体的密度 ρ_0 ($\rho = 1.69 \times 10^3 \ \text{kg/m}^3$，$\rho_0 = 0.97 \times 10^3 \ \text{kg/m}^3$)。

(7) 根据式(3.10.5)计算 η 的测量值、平均值及误差，并分析所得结果。

【实验数据记录及处理】

将实验中的测量数据记录于表 3.10.1 中。求 $\bar{\eta}$ 及不确定度 $\Delta\eta$。

表 3.10.1　实验数据记录表

被测量＼测量次数	d/mm	l/cm	t/s	v/(cm/s)	η/(Pa·s)
1					
2					
3					
4					
5					
6					
7					
8					

【实验注意事项】

(1) 投放小球应在液面中心。

(2) 找准达到匀速的准确位置。

【思考题】

(1) 哪些原因造成了测量误差？是否有可改进或注意的地方？

(2) 测量时应注意哪些因素？

实验 3.11　用牛顿环干涉法测透镜曲率半径

【实验目的】

(1) 了解牛顿环等厚干涉的原理和观察方法。

(2) 学习用牛顿环测量透镜曲率半径的方法。

(3) 掌握读数显微镜的使用。

【实验仪器】

牛顿环装置、移测显微镜、钠光灯、稳压电源。

【实验原理】

如图 3.11.1 所示，当一个曲率半径很大的平面透镜的凸面与平面玻璃接触时，两者之间就形成了一个空气间隙层，间隙层的厚度从中心接触点到边缘逐渐增加。当光束垂直入射到平面透镜上时，空气间隙层上下表面反射的两束光存在光程差，它们在平面透镜的凸面上相遇就会产生干涉现象。以 O 点为中心的同心圆的光程相等，因此干涉条纹是一组以 O 为中心的同心圆，称为牛顿环，如图 3.11.2 所示。

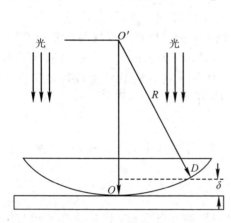

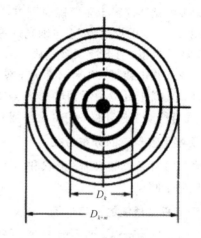

图 3.11.1　牛顿环装置　　　　　　　　　图 3.11.2　牛顿环

干涉形成暗条纹的条件为

$$2\delta + \frac{\lambda}{2} = (2k+1)\frac{\lambda}{2}, \ k=0,\ 1,\ 2,\ \cdots \tag{3.11.1}$$

则

$$\delta = k \cdot \frac{\lambda}{2} \tag{3.11.2}$$

接触点 $\delta=0$ 对应零级暗纹。

由图 3.11.1 的几何关系可看出，δ 与凸镜曲率半径 R 及干涉环暗纹半径 r_k 有以下关系：

$$r_k^2 = R^2 - (R-\delta)^2 = 2R\delta - \delta^2 \tag{3.11.3}$$

由于 $R \gg \delta$，因此

$$r_k^2 = 2R\delta \tag{3.11.4}$$

将式(3.11.2)代入式(3.11.4)可得

$$r_k^2 = kR\lambda, \ k=0,\ 1,\ 2,\ \cdots \tag{3.11.5}$$

可见，当 r_k、k、λ 已知时可求 R；当 r_k、k、R 已知时可求 λ。

设 m 级暗纹的半径为 r_m，n 级暗纹的半径为 r_n，则有

$$r_m^2 = mR\lambda \tag{3.11.6}$$

$$r_n^2 = nR\lambda \tag{3.11.7}$$

将以上两式相减，整理后得

$$R = \frac{r_m^2 - r_n^2}{(m-n)\lambda} = \frac{D_m^2 - D_n^2}{4(m-n)\lambda} \tag{3.11.8}$$

其中，D_m 和 D_n 分别为 m 级暗纹和 n 级暗纹的直径，m、n 为任意正整数。

由上可见，在确定透镜曲率半径时，只要求出所测各环的坏数差 $m-n$ 即可，而无须确定各环的级数，不必确定圆环的中心，避免了实验中圆心不易确定的困难。

【实验内容及步骤】

1. 调整实验装置

（1）调节牛顿环仪上的三个螺钉，直接用眼睛观察，使干涉条纹成圆形并处在牛顿环仪的中心。注意，平凸透镜和玻璃板不能挤压过紧，以免损坏牛顿环仪。

（2）将牛顿环仪置于显微镜筒下方，开启钠光灯源，调节显微镜座架的高度，使套在显微镜镜头上 45° 的反射镜 M 与钠光灯等高。

（3）调节目镜，使十字叉丝清晰，调节反射镜 M，使显微镜下视场的黄光均匀。

（4）调节调焦旋钮对牛顿环聚焦，使干涉条纹清晰。调节时，显微镜筒应自下而上地缓慢移动，直到在目镜中看清干涉条纹为止（不要自上而下调节显微镜筒，以免损坏仪器），并适当移动牛顿环仪，使牛顿环圆心处在视场中央。

2. 观察干涉条纹的分布特征

观察牛顿环条纹的粗细、形状和间距是否相等，并从理论上做出解释；观察牛顿环中心是亮斑还是暗斑。

3. 测量平凸透镜的曲率半径

（1）调节目镜镜筒，使一根十字叉丝与显微镜移动方向垂直，保持这根叉丝与干涉条纹相切，另一根水平叉丝则和显微镜移动方向一致，以便观察和测量条纹的直径。

（2）旋转显微镜的鼓轮，使十字叉丝由牛顿环中央缓慢向左移动，然后单方向向右移动，测出显微镜的叉丝与各条纹相切的读数，然后继续向右移动，经过环的中心后继续向右，测出读数并记录数据。

【实验数据记录及处理】

依据公式（3.11.8）计算 R（钠光波长 $\lambda=589.3$ nm），并用逐差法进行处理。实验数据一组为 D_m，另一组为 D_n，其中 m、n 为任意正整数，方便起见可取 $m-n=10$。实验数据记录于表 3.11.1 中。

表 3.11.1 实验数据记录表

组　　数	I	1	2	3	4	5	6	7	8	9	10
条纹级次	m	22	21	20	19	18	17	16	15	14	13
条纹位置/mm	左										
	右										
直径/mm	D_m										
条纹级次	n	12	11	10	9	8	7	6	5	4	3
条纹位置/mm	左										
	右										
直径/mm	D_n										
直径方差/mm	$D_m^2-D_n^2$										
曲率半径/mm	R_i										

此处需要测 10 组数据，计算 $\overline{R} = \dfrac{1}{10}\sum\limits_{i=1}^{10}R_i$，然后得出透镜曲率半径为 $R = \overline{R} \pm \sigma_R$。

【实验注意事项】

（1）使用读数显微镜进行测量时，手轮必须向一个方向旋转，中途不可倒退。

（2）读数显微镜镜筒必须自下而上移动，切莫让镜筒与牛顿环装置发生碰撞。

【思考题】

（1）测量暗环直径时尽量选择远离中心的环来进行，为什么？

（2）正确使用读数显微镜应注意哪几点？

（3）如何用此实验测量光的波长？

（4）如何用牛顿环来检查光学平板的平整度？

实验 3.12　薄透镜成像及其焦距的测量

【实验目的】

（1）掌握和理解光学系统共轴调节的方法。

（2）掌握测量透镜焦距的几种方法。

（3）通过实验进一步理解透镜的成像规律。

【实验仪器】

光具座、溴钨灯、凸透镜、凹透镜、平面镜、物屏、白屏、二维架、三维调节架、二维平移底座、三维平移底座、通用底座、升降调节座。

【实验原理】

1. 薄透镜成像原理及其成像公式

将玻璃等一些透明的物质磨成薄片，其表面都是球面或有一面为平面的就成了透镜。透镜分为中央厚、边缘薄的凸透镜和边缘厚、中央薄的凹透镜两大类。连接透镜两球面曲率中心的直线叫作透镜的主光轴，透镜两表面在其主轴上的间距叫透镜厚度。厚度与球面的曲率半径相比可以忽略不计的透镜称为薄透镜。薄透镜两球面的曲率中心几乎重合为一点，这个点叫作透镜的光心。

实验中，透镜两边的媒质皆为空气。凸透镜亦称为会聚透镜，凹透镜亦称为发散透镜。如图 3.12.1 所示，平行于凸透镜主光轴的一束光入射至凸透镜，经折射后会聚于主光轴上，会聚的光线与主光轴的交点即为凸透镜的焦点，焦点 F 到光心的距离为焦距 f。

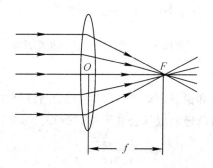

图 3.12.1　凸透镜成像原理

　　如图 3.12.2 所示，平行于凹透镜主光轴的一束光入射至凹透镜，经折射后成为发散光，发散光线的反向延长线与主光轴的交点即为凹透镜的焦点 F，F 与凹透镜光心 O 的距离为焦距 f。

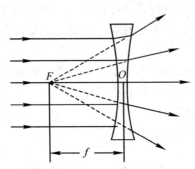

图 3.12.2　凹透镜成像原理

　　在近轴光线条件下，薄透镜的成像公式为

$$\frac{1}{u} + \frac{1}{v} = \frac{1}{f} \qquad\qquad (3.12.1)$$

其中，u 为物距，v 为像距，f 为焦距。不论是凸透镜还是凹透镜，u 恒为正，像为实像时 v 为正，像为虚像时 v 为负。对于凸透镜，f 恒为正；对于凹透镜，f 恒为负。

2. 测量凸透镜焦距的原理

1）自准法

　　如图 3.12.3 所示，位于凸透镜 L 焦平面上的物体 AB 上各点发出的光线经透镜折射后成为平行光束（包括不同方向的平行光），再由平面镜反射回去仍为平行光束，经透镜会聚成一个倒立等大的实像，这时像的中心与透镜光心的距离就是焦距 f。

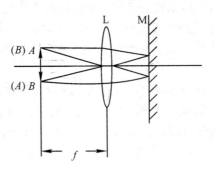

图 3.12.3　自准法测凸透镜焦距原理

2）共轭法（位移法）

　　如图 3.12.4 所示，物屏和像屏距离为 $a(a>4f)$，凸透镜在 O_1、O_2 两个位置分别在像屏上成放大和缩小的像，由凸透镜成像公式可得，在 O_1 处成放大的像：

$$\frac{1}{u} + \frac{1}{v} = \frac{1}{f} \qquad\qquad (3.12.2)$$

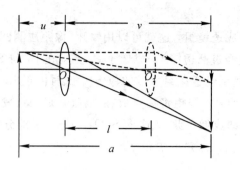

图 3.12.4 共轭法测凸透镜焦距原理

在 O_2 处可得缩小的像：

$$\frac{1}{u+l}+\frac{1}{v-l}=\frac{1}{f}$$

(3.12.3)

又由于：

$$u+v=a$$

(3.12.4)

可得：

$$f=\frac{a^2-l^2}{4a}$$

(3.12.5)

3. 测量凹透镜焦距的原理

1）自准法

通常凹透镜所成的像是虚像，像屏接收不到，只有与凸透镜组合起来才可能成实像。只有当凹透镜的发散作用同凸透镜的会聚特性结合得好时，屏上才会出现清晰的像，如图 3.12.5 所示。

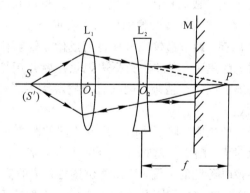

图 3.12.5 自准法测凹透镜焦距原理图

来自物点 S 的光线经凸透镜成像于 P 点，在 L_1 和点 P 间置一凹透镜 L_2 和平面镜 M，仅移动 L_2 使得由平面镜 M 反射回去的光线再经 L_1、L_2 后成像于物点 S' 处。这时对于 L_1 和 L_2 组成的透镜组来说，S 点为其焦点，在 L_2 与 M 间的光线也一定为平行光。对于 L_2 来说，从 M 反射回去的平行光线入射至 L_2 成虚像于 P 点，即凹透镜的焦点 P，它与光心的距离就为该凹透镜的焦距 f。

2) 物距-像距法

将凹透镜与凸透镜组成透镜组，这就可以用物距-像距法测凹透镜的焦距。如图 3.12.6 所示，来自物点 S 的光线经过凸透镜 L_1 成像于 S_1 点，在 L_1 与 S_1 点之间放入待测凹透镜 L_2。移动 L_2 可在像屏上找到经透镜组所成的像 S_2。此时由于 L_2 的发散作用，所成的像从 S_1 处移至 S_2 处。对于 L_2 而言，假想将物点放在 S_2 处，则物点发出的光线入射至 L_2 发散后反向延长相交于 S_1 点（即成像于此），这里 S_2O_2 与 S_1O_2 即分别为物距 u 和像距 v，再利用透镜成像公式即可求出凹透镜的焦距 f。

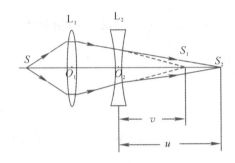

图 3.12.6　物距-像距法测凹透镜焦距原理

【实验内容及步骤】

（1）在光学平台上，调节实验中用到的透镜、物的中心、像屏的中心，使之位于平行于光学平台的同一直线上，此即为共轴调节。

· 粗调——让所需调整仪器彼此靠近，通过眼睛观察和判断，将透镜、物、像屏的几何中心调至等高位置上，并使其所在平面彼此平行，这就达到了彼此平行且中心等高的要求。

· 细调——依靠仪器和光学成像规律来鉴别和调节。可以利用多次成像的方法，即只有当物的中心位于光轴上时，多次成像时像的中心才会重合在一起。也可分别利用自准法测凸透镜和凹透镜焦距的原理，调节透镜高低使得所成像与物互补，即中心重合。

（2）用自准法测凸透镜的焦距。自准法测凸透镜焦距就是用平面镜取代像屏，调整物与透镜的距离，直到在物屏上成一个清晰、倒立且与物等大的像（即像与物互补形成一个完整的圆）。重复测量 3 次。

（3）用共轭法测凸透镜的焦距。固定物屏与像屏之间的距离 a，粗略估计凸透镜焦距，使 a 满足 $a > 4f$，但不宜过大，略大一些即可，否则成像不清。在物屏与像屏之间移动透镜，记下成放大像与缩小像时透镜的位置，算出两位置之差 l 的值。由 a 和 l 可算出 f，而不必测物距 u 和像距 v，这样就避免了因凸透镜光心位置不确定而带来的误差。取 3 个不同的 a，分别各测 1 次。

（4）用自准法测凹透镜的焦距，重复测量 3 次。

（5）用物距-像距法测凹透镜的焦距（测量时尽量用缩小的像），重复测量 3 次。

【实验数据记录及处理】

用共轭法测量凸透镜的焦距，用物距-像距法测量凹透镜的焦距，将实验数据分别填入表 3.12.1 和 3.12.2 中。

表 3.12.1　共轭法测量凸透镜焦距

次数 n	a	l	f
1			
2			
3			
平均值			

表 3.12.2　物距–像距法测量凹透镜焦距

次数 n	物距 u	像距 v	f
1			
2			
3			
平均值			

重复测量 3 次，求取平均值：

$$\overline{f}=\frac{f_1+f_2+f_3}{3}$$

对物距-像距法而言，不确定误差为

$$\Delta f=\sqrt{\frac{(f_1-\overline{f})^2+(f_2-\overline{f})^2+(f_3-\overline{f})^2}{3}}$$

对其他方法而言，不确定误差为

$$\Delta f=\frac{|f_1-\overline{f}|+|f_2-\overline{f}|+|f_3-\overline{f}|}{3}$$

测量结果用不确定度表示为

$$f=\overline{f}+\Delta f$$

【实验注意事项】

（1）安装光具座时，应轻拿轻放，不要相互碰撞，以免影响测量的准确度。

（2）仪器长期不用时应放在仪器箱内保管。

（3）透镜不使用时应放在有干燥剂的箱子里存放，防止透镜发霉。去除透镜污垢时要用专用纸或专用镜头擦拭布，以免损坏透镜表面。

【思考题】

（1）凹透镜只能成虚像吗？在本次实验中能否找到凹透镜成实像的例子？

（2）共轭法测凸透镜焦距时，物屏与像屏间的距离 a 为什么要略大于 4 倍焦距？

（3）物距-像距法测凹透镜的焦距时，为何要尽量用缩小的像来测量？

实验 3.13　迈克尔逊干涉仪的调整和使用

【实验目的】

(1) 了解迈克尔逊干涉仪的原理并掌握调节方法。

(2) 观察等倾干涉条纹的特点。

(3) 测定 He-Ne 激光的波长。

【实验仪器】

迈克尔逊干涉仪、氦氖激光器、毛玻璃屏。

下面对迈克尔逊干涉仪作一介绍。

1. 迈克尔逊干涉仪的构造

迈克尔逊干涉仪的构造如图 3.13.1。它主要由精密的机械传动系统和 4 片精细磨制的光学镜片组成。G_1 和 G_2 是两块几何形状、物理性能都相同的平行平面玻璃。其中：G_1 的第二面镀有半透明铬膜，称为分光板，可使入射光分成振幅（即光强）近似相等的一束透射光和一束反射光；G_2 起补偿光程作用，称为补偿板。M_1 和 M_2 是两块表面镀铬加氧化硅保护膜的反射镜。M_2 是固定在仪器上的，称为固定反射镜；M_1 装在可由导轨前后移动的拖板上，称为移动反射镜。迈克尔逊干涉仪装置的特点是光源、反射镜、接收器（观察者）各处一方，分得很开，可以根据需要在光路中很方便地插入其他器件。

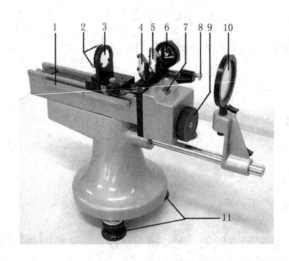

1—主尺；2—反射镜调节螺丝；3—移动反射镜 M_1；4—分光板 G_1；5—补偿板 G_2；6—固定反射镜 M_2；
7—读数窗；　8—水平拉簧螺丝；9—粗调手轮；10—屏；11—底座水平调节螺丝

图 3.13.1　迈克尔逊干涉仪装置

M_1 和 M_2 镜架背后各有 3 个调节螺丝，可用来调节 M_1 和 M_2 的倾斜方位。这 3 个调节螺丝在调整干涉仪前均应先均匀地拧几圈（因为每次实验后为保证其不受应力影响而损坏反射镜，都将调节螺丝拧松了），但不能过紧，以免减小调整范围。同时也可通过调节水平拉簧螺丝与垂直拉簧螺丝使干涉图像做上下和左右移动。仪器水平还可通过底座上的 3 个水平调节螺丝来调整。

可通过 3 个读数装置确定移动反射镜 M_1 的位置：① 主尺——在导轨的侧面，最小刻度为毫米，如图 3.13.2 所示；② 读数窗——可读到 0.01 mm，如图 3.13.3 所示；③ 带刻度盘的微调手轮——可读到 0.0001 mm，估读到 10^{-5} mm，如图 3.13.4 所示。

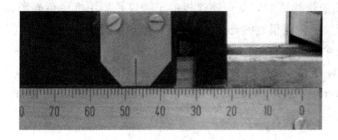

图 3.13.2　主尺结构

图 3.13.3　读数窗

图 3.13.4　带刻度盘的微调手轮

2. 迈克尔逊干涉仪的光路

迈克尔逊干涉仪的光路如图 3.13.5 所示。

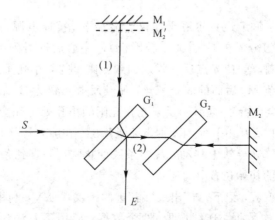

图 3.13.5　迈克尔逊干涉仪的光路图

光源上 S 点发出的一束光线经分光板 G_1 被分为两束光线(1)和(2)。这两束光线分别射向互相垂直的全反射镜 M_1 和 M_2，经 M_1 和 M_2 反射后又汇于分光板 G_1，这两束光再次被 G₁ 分束，它们各有一束按原路返回光源(设两光束分别垂直于 M₁、M₂)，同时各有一束光线朝 E 方向射出。由于光线(1)和(2)为相干光束，因此可在 E 的方向观察到干涉条纹。

　　G₂ 为补偿板，它的引进使两束相干光的光程差完全与波长无关(由于分光板 G₁ 的色散作用，光程是波长 λ 的函数，因此定量检测时，没有补偿板的干涉仪只能用准单色光源，有了补偿板就可消除色散的影响，即使是带宽很宽的光源也会产生可分辨的条纹)，且保证了光线(1)和光线(2)在玻璃中的光程完全相同，因而不同的色光都完全可将 M₂ 等效为 M₂'。

　　在图 3.13.5 中，M₂' 是反射镜 M₂ 被 G₁ 反射所成的虚像。从 E 处看两相干光是从 M₁ 和 M₂' 反射而来的。因此在迈克尔逊干涉仪中产生的干涉与 M₁、M₂' 间的空气膜所产生的干涉是一样的。

【实验原理】

　　当 M₁、M₂' 的距离 d 增大时，圆心干涉级数增高，就可以看到圆条纹一个一个地从中心"冒"出来；反之，当 d 减小时，圆条纹一个一个地向中心"缩"进去。每当"冒"出或"缩"进一条条纹时，d 就增加或减小 $\lambda/2$，所以测出"冒出"或"缩进"的条纹数目 ΔN，由已知波长 λ 就可求得 M₁ 移动的距离，这就是利用干涉的测长法。反之，若已知 M₁ 移动的距离，则可求得波长，它们的关系为

$$\Delta d = \frac{\Delta N \cdot \lambda}{2} \qquad (3.13.1)$$

$$L = 2nd\cos\delta + \frac{\lambda}{2} \qquad (3.13.2)$$

　　d 增大时，光程差 L 每改变一个波长 λ 所需的 δ 的变化值减小，即两亮环(或两暗环)之间的间隔变小。看上去条纹变细变密。反之 d 减小，条纹变粗变稀。

　　在 d 一定时，可得等倾干涉，光程差只取决于入射角 δ。如在 E 处放一会聚透镜，并在其焦平面上放一屏，则在屏上可看到一组同心圆。而每个圆相应于一定的倾角，其产生干涉的平面是会聚透镜的后焦面。和非定域干涉类似，干涉级别以圆心最高，当 d 增加时，圆环从中心"冒"出，当 d 减小时，圆环从中心"缩"进。

【实验内容及步骤】

　　(1) 观察干涉条纹，调节迈克尔逊干涉仪底座水平；接通电源，打开氦氖激光器预热几分钟后，使激光束经过分光板 G₁ 中心、补偿板 G₂ 中心后透射到反射镜 M₂ 中心上；然后调节 M₂ 后面的 3 个螺丝，使光点反射像返回到光阑上并与小孔重合。再调从 G₁ 后表面反射到 M₁ 的光束，调节 M₁ 后面的 3 个螺丝，使其反射光到达 G₁ 后表面时恰好与 M₂ 的反射光相遇(两光点完全重合)，同时两反射光在光阑的小孔处也完全重合。这样 M₁ 与 M₂ 就基本上垂直(即 M₁ 和 M₂' 互相平行了)。竖起毛玻璃屏，在屏上就可看到非定域的圆条纹。

　　(2) 转动手轮使 M₁ 在导轨上移动，观察条纹变化情况，直到条纹有均匀的"冒"出或"缩"进现象，记录 M₁ 的初始位置 d_0。

　　(3) 移动 M₁ 以改变 d，记下"冒"出或"缩"进的条纹数 ΔN，利用式(3.13.1)即可算出 λ。每累计 50 条读取一次数据，连续读取 10 个数据，应用逐差法加以处理，写出结果表达式。

　　(4) 关闭氦氖激光器电源，整理仪器。

【实验数据记录及处理】

将实验数据记录于表 3.13.1 中。测量结果为 $\lambda = \bar{\lambda} \pm u$。

表 3.13.1　实验数据记录表

i	圈数 N	位置 d_i	$\Delta d_i = \lvert d_{i+5} - d_i \rvert$	$\lambda_i = 2\dfrac{\Delta d_i}{\Delta N}(\Delta N = 250)$
1				
2				
3				
4				
5				
6				$\bar{\lambda} =$
7				
8				$u = \sqrt{u_{\mathrm{A}}^2(\Delta d) + u_{\mathrm{B}}^2(\overline{\Delta d})}$
9				$=$
10				

【实验注意事项】

（1）要使条纹有均匀的"冒"出或"缩"进现象，记录 M_1 的初始位置 d_0。

（2）不要漏读或多读"冒"出或"缩"进的条纹数。

（3）迈克尔逊干涉仪的微调鼓轮只能往一个方向转动。

【思考题】

为什么迈克尔逊干涉仪产生的干涉实验图样等价于 M_1 与 M_2' 之间空气膜产生的干涉图样？

实验 3.14　单缝衍射及单缝宽度的测量

【实验目的】

（1）观察单缝衍射现象，了解单缝宽度对衍射条纹的影响。

（2）学习一种测量单缝宽度的方法。

【实验仪器】

狭缝装置、透镜架、二维平移底座、三维平移底座、宽度可调单缝、钠光灯、测微目镜、测微目镜架、升降调节座、透镜。

【实验原理】

让一束单色平行光通过宽度可调的缝隙，射到其后的接收屏上。若缝隙的宽度 a 足够大，则接收屏上将出现亮度均匀的光斑。若缝隙宽度 a 变小，则光斑的宽度也相应变小。但当缝隙宽度小到一定程度时，光斑的区域将变大，并且原来亮度均匀的光斑变成了一系列亮暗相间的条纹。根据惠更斯-菲涅耳原理，接收屏上的这些亮暗条纹是由于从同一个波前上发出的子波产生干涉的结果。为满足夫琅禾费衍射的条件，必须将衍射屏放置在两个透镜之间。实验光路图如图 3.14.1 所示，夫琅禾费单缝衍射光强分布曲线如图 3.14.2 所示。

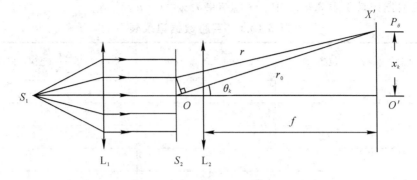

图 3.14.1　夫琅禾费单缝衍射光路图

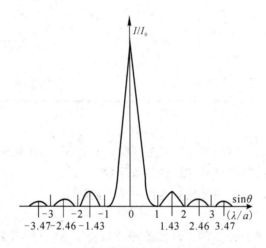

图 3.14.2　夫琅禾费单缝衍射光强分布曲线

中央亮条纹的宽度可用其两侧暗条纹之间的角距离来表示，由于对称性，主极大的角宽度为从点 O 到第一暗条纹中心的角距离的两倍，所以从点 O 到第一暗条纹中心的角距离称为主极大的半角宽度。由图 3.14.2 可见，主极大的半角宽度就是第一暗条纹的衍射角 θ，近似等于 λ/a。中央亮条纹的宽度等于各次极大的两倍，也就是说，各次极大的角宽度都等于中央亮条纹的半角宽度，并且绝大部分光能都落在中央亮条纹上。

在远场条件下，即单缝至屏的距离 z 满足 $z \gg a$ 时，各级暗条纹衍射角 θ_k 很小，$\sin\theta_k \approx \theta_k$，于是第 k 级暗条纹在接收屏上距中心的距离 x_k 可写为 $x_k = \theta_k f$。而第 k 级暗条纹衍射角 θ_k 满足

$$\sin\theta_k = \frac{k\lambda}{a} \tag{3.14.1}$$

$$\frac{k\lambda}{a} \approx \frac{x_k}{f} \tag{3.14.2}$$

于是，单缝的宽度为

$$a = \frac{k\lambda f}{x_k} \tag{3.14.3}$$

$$\lambda f = a\frac{e}{2} \tag{3.14.4}$$

其中，e 为中央明条纹线宽度。

式(3.14.3)中，k 是暗条纹级数，f 为单缝与接收屏之间的距离，x_k 为第 k 级暗条纹距中央主极大中心位置 O 的距离。若已知波长 $\lambda=650$ nm，测出 f、x_k，便可用式(3.14.3)求出缝宽。

【实验内容及步骤】

(1) 使狭缝 S_1 靠近钠灯，位于透镜 L_1 的焦平面上。通过透镜 L_1 形成平行光束，垂直照射狭缝 S_2，用透镜 L_2 将穿过狭缝 S_2 的衍射光束汇聚到测微目镜的分划板上，调节狭缝铅直，并使分划板的毫米刻线与衍射条纹平行。S_1 的缝宽小于 0.1 mm（兼顾衍射条纹清晰与视场光强）。

(2) 用测微目镜测量中央明条纹线宽度 e，连同已知的 λ 和 f 值，代入式(3.14.4)中，即可算出缝宽 a。

(3) 用显微镜直接测量缝宽 $\bar{a}$，以便与上一步的结果作比较。

(4) 用测微目镜还可验证中央极大宽度是次极大宽度的两倍。

【实验数据记录及处理】

将单缝缝宽的测量数据记录在表 3.14.1 中。

表 3.14.1　单缝缝宽的测量数据

λ/mm	f/mm	e/mm	a/mm	$\bar{a}$/mm

【实验注意事项】

(1) 在光学平台上放光源、狭缝 S_1，使它们的光路共轴。

(2) 调整光源使光垂直出射。

【思考题】

(1) 单缝宽度对衍射条纹有何影响？

(2) 单缝衍射现象的意义是什么？

实验 3.15　光的偏振实验

【实验目的】

(1) 观察光的偏振现象，验证马吕斯定律。

(2) 了解 1/2 波片、1/4 波片的作用。

(3) 掌握椭圆偏振光、圆偏振光的产生与检测方法。

【实验仪器】

半导体激光器、碘钨灯、硅光电池、UT51 数字万用表、偏振片(2 片)、1/2 波片、1/4 波片、反射镜、玻璃堆、平台和光具座等。

【实验原理】

1. 光的偏振性

光是一种电磁波。由于电磁波对物质的作用主要是电场，故在光学中把电场强度 E 称为光矢量。在垂直于光波传播方向的平面内，光矢量可能有不同的振动方向，通常把光矢量保持一定振动方向上的状态称为偏振态。若光矢量保持在固定平面上振动，这种振动状态称为平面振动态，此平面就称为振动面。此时光矢量在垂直于传播方向的平面上的投影为一条直线，故又称为线偏振态。若光矢量绕着传播方向旋转，其端点描绘的轨道为一个圆，这种偏振态称为圆偏振态。如果光矢量端点旋转的轨迹为一椭圆，就称为椭圆偏振态。

普通光源发出的光一般是自然光，自然光不能直接显示出偏振现象。但自然光可以看成是两个振幅相同、振动相互垂直的非相干平面偏振光的叠加。在自然光与平面偏振光之间有一种部分偏振光，可以看作是一个平面偏振光与一个自然光混合而成的。其中平面偏振光的振动方向就是这个部分偏振光的振幅最大方向。

2. 偏振片

虽然普通光源发出自然光，但在自然界中存在着各种偏振光。目前广泛使用的产生偏振光的器件是人造偏振片，它利用二向色性（有些各向同性介质，在某种作用下会呈现各向异性，能强烈吸收入射光矢量在某方向上的分量，而通过其垂直分量，从而使入射的自然光变为偏振光，介质的这种性质称为二向色性）获得偏振光。偏振器件既可以用来使自然光变为平面偏振光——起偏，也可以用来鉴别线偏振光、自然光和部分偏振光——检偏。用作起偏的偏振器件叫作起偏器，用作检偏的偏振器件叫作检偏器。实际上，起偏器和检偏器是通用的。

3. 马吕斯定律

设两偏振片的透振方向之间的夹角为 α，透过起偏器的线偏振光振幅为 A_0，则透过检偏器的线偏振光的振幅 A 为

$$A = A_0 \cos\alpha \tag{3.15.1}$$

透射光强度 I 为

$$I = I_0 \cos^2\alpha \tag{3.15.2}$$

其中 I_0 为进入检偏器前（偏振片无吸收时）线偏振光的强度。式(3.15.2)是 1809 年由马吕斯在实验中发现的，所以称为马吕斯定律。显然，以光线传播方向为轴，转动检偏器时，透射光强度 I 将发生周期变化。若入射光是部分偏振光或椭圆偏振光，则 I 的极小值不为 0。若光强完全不变化，则入射光是自然光或圆偏振光。这样，根据透射光强度变化的情况，可将线偏振光、自然光和部分偏振光区别开来。

4. 椭圆偏振光、圆偏振光的产生(1/2 波片和 1/4 波片的作用)

当线偏振光垂直射入一块表面平行于光轴的晶片时，若其振动面与晶片的光轴成 α 角，该线偏振光将分为 e 光、o 光两部分，它们的传播方向一致，但振动方向平行于光轴的 e 光与振动方向垂直于光轴的 o 光在晶体中传播速度不同，因而产生的光程差是 α 的函数，所以通过 1/4 波片后的合成偏振状态也将随角度 α 的变化而不同。

当 $\alpha = 0°$ 时，出射光为振动方向平行于光轴的平面偏振光。

当 $\alpha = \pi/2$ 时，出射光为振动方向垂直于光轴的平面偏振光。

当 $\alpha = \pi/4$ 时，出射光为圆偏振光。

当 α 为其他值时，出射光为椭圆偏振光。

【实验内容及步骤】

1. 验证马吕斯定律

光束经过起偏器产生线偏振光，再透过检偏器射到硅光电池上，转动检偏器(360°)观察光强变化，找到最大电流值(对于硅光电池，其短路电流与光源光强呈很好的线性关系)，确定该位置为相对 0°。实验时，测量精度为 5°，测量范围为 −90°～+90°。作 I - $\cos^2\alpha$ 的关系曲线，验证马吕斯定律。

2. 观察线偏振光通过 1/2 波片时的现象

在光具座上放置各元件，其中 P 为起偏器，在未放入 1/2 波片时，使检偏器 A 与起偏器 P 正交，光屏上呈现消光现象。插入 1/2 波片后，转动 1/2 波片并观察光屏。调节波片至呈现消光现象，此时为初始角度。再将 1/2 波片从初始位置转 10°，破坏消光，然后转动 A 至消光位置，记下 A 所转过的角度。依此类推，每次将 1/2 波片转动 10°，记下达到消光时 A 转过的角度。数据记录表格如表 3.15.1 所示。

表 3.15.1 1/2 波片的作用

1/2 波片转动的角度	10°	20°	30°	40°	50°	60°	70°	80°	90°
检偏器 A 转过的角度									

3. 用 1/4 波片产生圆偏振光和椭圆偏振光

使 P 与 A 正交消光，用 1/4 波片代替 1/2 波片，转动 1/4 波片使光屏上呈现消光。再将 1/4 波片转动 15°，然后 A 转动一周(即 360°)，观察光屏上光强的变化情况。依次将 1/4 波片转动 15°、30°、…、90°，每次都对应转动检偏器 A 一周，记录观察到的现象(如消光、光强不变等)。现象记录表格如表 3.15.2 所示。

表 3.15.2 1/4 波片的作用

1/4 波片转动的角度	15°	30°	45°	60°	75°	90°
观察到的现象						

4. 测量出射光强与 1/4 波片及检偏器光轴之间的关系

保持起偏器光轴与 1/4 波片之间的夹角不变，调节检偏器，观察光屏上光强的变化。测量精度为 5°，测量范围为第一次消光状态到第二次消光状态。

选做：调节起偏器角度变化 40°，1/4 波片状态不变，重复以上测量。

5. 观察光的偏振现象

1) 反射引起的偏振

如图 3.15.1 所示，S 为照明灯，C 为聚光镜，M 为黑色反光镜，A 为检偏器，E 为投影屏，i 为入射角。转动检偏器 A 可观察到屏上光强在最强和最小之间的变化，这表明反射光是部分偏振光。(选做：仔细调节入射角 i，找到最小光强为零时的状态，此时 $i=i_b$ 为布儒斯特角，反射光是全偏振光。)

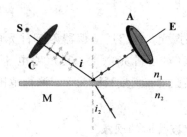

图 3.15.1　反射引起的偏振光

2）折射引起的偏振

使用同反射起偏一样的光源，发射的自然光以布儒斯特角入射至玻璃堆上（由 8 块玻璃叠成），其透射光经过检偏器且转动，观察光屏上光强的变化，此时折射光也是偏振光。

【实验注意事项】

（1）钠光灯通电后应预热 5~10 分钟，方可进行实验。

（2）更换光学元件时，应轻拿轻放，防止损坏。

【思考题】

（1）若检偏器 A 固定，将 1/2 波片转过 360°，能观察到几次消光？若 1/2 波片固定，将 A 转过 360°，能观察到几次消光？由此分析线偏振光通过 1/2 波片后，光的偏振状态是怎样的？

（2）通过起偏和检偏的观测，应当怎样判别自然光和偏振光？

（3）偏振光的获得方法有哪几种？

实验 3.16　分光计的调节与使用

【实验目的】

（1）掌握分光计的基本结构。

（2）掌握分光计调节的方法与技能。

（3）学习用分光计测量三棱镜的偏向角。

【实验仪器】

分光计、玻璃三棱镜、平面反射镜、钠光灯源。

【实验原理】

1. 分光计的结构

分光计主要由底座、平行光管、望远镜、载物台和读数圆盘等组成。外形如图 3.16.1 所示。

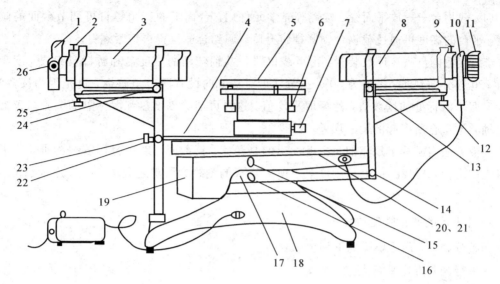

1—狭缝装置；2—狭缝装置锁紧螺钉；3—平行光管；4—制动架（二）；5—载物台；
6—载物台调节螺钉（3 只）；7—载物台锁紧螺钉；8—望远镜；9—目镜锁紧螺钉；10—阿贝式自准直目镜；
11—目镜调节手轮；12—望远镜仰角调节螺钉；13—望远镜水平调节螺钉；14—望远镜微调螺钉；
15—转座与刻度盘止动螺钉；16—望远镜止动螺钉；17—制动架（一）；18—底座；19—转座；
20—刻度盘；21—游标盘；22—游标盘微调螺钉；23—游标盘止动螺钉；24—平行光管水平调节螺钉；
25—平行光管仰角调节螺钉；26—狭缝宽度调节手轮

图 3.16.1　分光计外形图

分光计的部分部件说明如下：

（1）底座——中心有一竖轴，望远镜和读数圆盘可绕该轴转动，该轴也称为仪器的公共轴或主轴。

（2）平行光管——产生平行光的装置，管的一端装有一个会聚透镜，另一端是带有狭缝的圆筒，狭缝宽度可以根据需要调节。

（3）望远镜——观测用，由目镜系统和物镜组成，为了调节和测量，物镜和目镜之间还装有分划板，它们分别置于内管、外管和中管内，三个管可以移动，也可以用螺钉固定。参看图 3.16.2，在中管的分划板下方紧贴一块 45°全反射小棱镜，棱镜与分划板的粘贴部分涂成黑色，仅留一个绿色的小十字窗口。光线从小棱镜的另一直角边入射，从 45°反射面反射到分划板上，透光部分便形成一个在分划板上的明亮的十字窗。

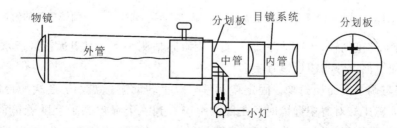

图 3.16.2　望远镜结构

（4）载物台——放平面镜、棱镜等光学元件用。台面下的三个螺钉可调节台面的倾斜角度，平台的高度可通过载物台锁紧螺钉升降，调到合适位置再锁紧螺钉。

（5）读数圆盘——读数装置。由可绕仪器公共轴转动的刻度盘和游标盘组成。度盘上刻有720等分的刻线，格值为30′。在游标盘对称方向设有两个角游标。这是因为读数时，要读出两个游标处的读数值，然后取平均值，这样可消除刻度盘和游标盘的圆心与仪器主轴的轴心不重合所引起的偏心误差。

读数方法与游标卡尺相似，这里读出的是角度。读数时，以角游标零线为准，读出刻度盘上的度值，再找游标上与刻度盘上刚好重合的刻线为所求之分值。如果游标零线落在半度刻线之外，则读数应加上30′。

2. 分光计的调整原理和方法

调整分光计，最后要达到下列要求：

· 平行光管发出平行光。

· 望远镜对平行光聚焦（即接收平行光）。

· 望远镜、平行光管的光轴垂直于仪器公共轴。

分光计调整的关键是调好望远镜，其他的调整可以以望远镜为标准。

1）调整望远镜

（1）目镜调焦。这是为了使眼睛通过目镜能清楚地看到图3.16.3所示的分划板上的刻线。调焦方法是把目镜调焦手轮轻轻旋出或旋进，从目镜中观看，直到分划板刻线清晰为止。

（2）调节望远镜，使其对平行光聚焦。要将分划板调到物镜焦平面上，调整方法是：

① 打开目镜照明，将双面平面镜放到载物台上。为了便于调节，平面镜与载物台下三个调节螺钉的相对位置如图3.16.4所示。

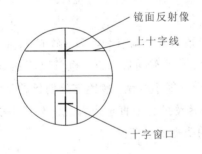

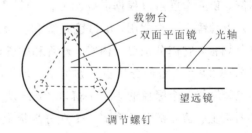

图 3.16.3　从目镜中看到的分划板　　图 3.16.4　载物台上双面镜放置的俯视图

② 粗调望远镜光轴，使其与镜面垂直。用眼睛估测一下，把望远镜调成水平，再调载物台螺钉，使镜面大致与望远镜垂直。

③ 观察与调节镜面反射像。固定望远镜，双手转动游标盘，于是载物台跟着一起转动。转到平面镜正好对着望远镜时，在目镜中应看到一个绿色亮十字随着镜面转动而动，这就是镜面反射像。如果像有些模糊，只要沿轴向移动目镜筒，直到像清晰，再旋紧螺钉，则望远镜已对平行光聚焦。

（3）调整望远镜光轴，使其垂直于仪器主轴。当镜面与望远镜光轴垂直时，它的反射像应落在目镜分划板上与下方十字窗对称的上十字线中心，见图 3.16.3。平面镜绕轴转180°后，如果另一镜面的反射像也落在此处，这表明镜面平行于仪器主轴。当然，此时与镜面垂直的望远镜光轴也垂直于仪器主轴。

① 载物台倾角没调好的表现及调整。假设望远镜光轴已垂直于仪器主轴，但载物台倾角没调好，见图 3.16.5。平面镜 A 面反射光偏上，载物台转 180°后，B 面反射光偏下，在目镜中看到的现象是 A 面反射像在 B 面反射像的上方。显然，调整方法是把 B 面像（或 A 面像）向上（向下）调到两像点距离的一半，使镜面 A 和 B 的像落在分划板上同一高度。

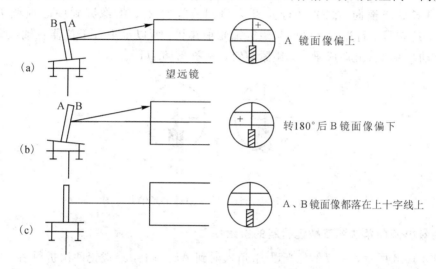

图 3.16.5 载物台倾角没调好的表现及调整

② 望远镜光轴没调好的表现及调整。假设载物台已调好，但望远镜光轴不垂直于仪器主轴，见图 3.16.6(a)，无论平面镜 A 面还是 B 面，反射光都偏上，反射像落在分划板上十字线的上方。在图 3.16.6(b)中，镜面反射光都偏下，反射像落在上十字线的下方，调整方法是只要调整望远镜仰角调节螺钉 12，把像调到上十字线上即可，见图 3.16.6(c)。

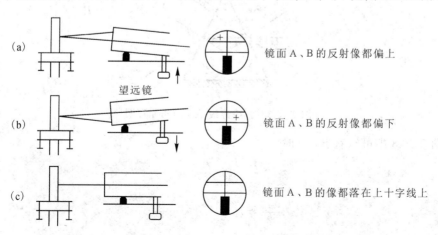

图 3.16.6 望远镜光轴没调好的表现及调整

③ 载物台和望远镜光轴都没调好的表现及调整。表现是两镜面反射像一上一下。调节方法是先调载物台螺钉，使两镜面反射像像点等高（但像点没落在上十字线上），再把像调到上十字线上，见图 3.16.6(c)。

2) 调整平行光管发出平行光并垂直于仪器主轴

将被照明的狭缝调到平行光管物镜焦平面上，物镜将出射平行光。

调整方法是取下平面镜和目镜照明光源，狭缝对准前方水银灯光源，使望远镜转向平行光管方向，在目镜中观察狭缝像，沿轴向移动狭缝筒，直到像清晰，这表明光管已发出平行光。读者可以想想这是为什么？

再将狭缝转向横向，调节平行光管仰角调节螺钉 25，将像调到中心横线上，见图 3.16.7(a)。这表明平行光管光轴已与望远镜光轴共线，所以也垂直于仪器主轴，此时螺钉 25 不能再动。再将狭缝调成垂直，锁紧螺钉，见图 3.16.7(b)。

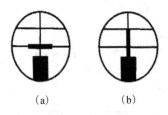

(a)　　　(b)

图 3.16.7　平行光管光轴与望远镜光轴共线图

3. 用最小偏向角法测三棱镜材料的折射率

如图 3.16.8 所示，一束单色光以 i_1 角入射到 AB 面上，经棱镜两次折射后，从 AC 面射出来，出射角为 i_2'。入射光和出射光之间的夹角 δ 称为偏向角。当棱镜顶角 A 一定时，偏向角 δ 的大小随入射角 i_1 的变化而变化。而当 $i_1 = i_2'$ 时，δ 为最小（证明略）。这时的偏向角称为最小偏向角，记为 δ_{min}。

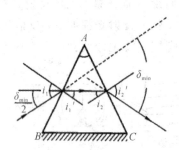

图 3.16.8　三棱镜最小偏向角原理图

由图 3.16.8 中可以看出，这时

$$i_1' = \frac{A}{2} \tag{3.16.1}$$

$$\frac{\delta_{min}}{2} = i_1 - i_1' = i_1 - \frac{A}{2} \tag{3.16.2}$$

$$i_1 = \frac{1}{2}(\delta_{min} + A) \tag{3.16.3}$$

设棱镜材料折射率为 n，则

$$\sin i_1 = n\sin i_1' = n\sin\frac{A}{2} \tag{3.16.4}$$

故

$$n = \frac{\sin i_1}{\sin\frac{A}{2}} = \frac{\sin\frac{\delta_{\min}+A}{2}}{\sin\frac{A}{2}} \tag{3.16.5}$$

由此可知，要求得棱镜材料的折射率 n，必须测出其顶角 A 和最小偏向角 $\delta_{\min}$。

【实验内容及步骤】

(1) 调整分光计（要求与调整方法见原理部分）。

(2) 使三棱镜光学侧面垂直于望远镜光轴。

调载物台的上下台面大致平行，将棱镜放到平台上，使棱镜三边与台下三螺钉的连线成三连互相垂直，见图 3.16.9。试分析这样放置的好处。

接通目镜照明光源，遮住从平行光管来的光。转动载物台，在望远镜中观察从侧面 AC 和 AB 反射回来的十字像，只调台下三螺钉，使其反射像都落到上十字线处，见图 3.16.10，调节时，切莫动螺钉 12。

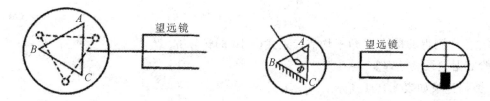

图 3.16.9　三棱镜在载物台上的正确放法　　　图 3.16.10　测棱镜顶角 A

注意：每个螺钉的调节都要轻微，要同时观察它对各侧面反射像的影响。调好后的棱镜位置不能再动。

(3) 测棱镜顶角 A。

对两游标作适当标记，分别称为游标 1 和游标 2，切记勿颠倒。旋紧度盘下螺钉 16 和制动架 17，望远镜和刻度盘固定不动。转动游标盘，使棱镜 AC 面正对望远镜，见图 3.16.10。记下游标 1 的读数 θ_1 和游标 2 的读数 θ_2。再转动游标盘，使 AB 面正对望远镜，记下游标 1 的读数 θ_1' 和游标 2 的读数 θ_2'。同一游标两次读数之差 $|\theta_1-\theta_1'|$ 或 $|\theta_2-\theta_2'|$，即是载物台转过的角度 Φ，而 Φ 是 A 角的补角，即

$$A = \pi - \Phi$$

(4) 测三棱镜的最小偏向角。

平行光管狭缝对准前方水银灯光源。旋松望远镜止动螺钉 16 和游标盘止动螺钉 23，把载物台及望远镜转至图 3.16.11 中所示的位置(1)处，再左右微微转动望远镜，找出棱镜出射的各种颜色的水银灯光谱线（各种波长的狭缝像）。

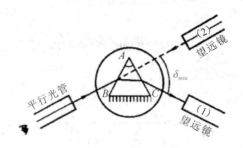

图 3.16.11　测最小偏向角方法

轻轻转动载物台(改变入射角 i_1),在望远镜中将看到谱线跟着动。改变 i_1,应使谱线往 δ 减小的方向移动(向顶角 A 方向移动)。望远镜要跟踪光谱线转动,直到棱镜继续转动而谱线开始要反向移动(即偏向角反而变大)为止。这个反向移动的转折位置就是光线以最小偏向角射出的方向。固定载物台(锁紧螺钉23),再使望远镜微动,使其分划板上的中心竖线对准其中的那条绿谱线(546.1 mm)。

记下此时两游标处的读数 θ_1 和 θ_2,取下三棱镜(载物台保持不动),转动望远镜对准平行光管,即图 3.16.11 中(2)的位置,以确定入射光的方向,再记下两游标处的读数 θ_1' 和 θ_2'。此时绿谱线的最小偏向角为

$$\delta_{\min} = \frac{1}{2}\left[\,|\theta_1 - \theta_1'| + |\theta_2 - \theta_2'|\,\right] \tag{3.16.6}$$

将 $\delta_{\min}$ 值和测得的棱镜 A 角平均值代入式(3.16.5)计算 n。

【实验数据记录及处理】

数据记录如表 3.16.1 所示。

表 3.16.1　数据记录表

次数	θ_1	θ_2	θ_1'	θ_2'	$\delta_{\min}$
1					
2					
3					
4					
5					

(1) 测出最小偏向角,计算其不确定度。

(2) 计算出棱镜的折射率以及其不确定度。

【实验注意事项】

(1) 转动载物台是指转动游标盘带动载物台一起转动。

(2) 狭缝宽度以 1 mm 左右为宜,狭缝宽则测量误差大,狭缝窄则光通量小。狭缝易损坏,应尽量少调,调节时要边看边调,动作要轻,切忌两缝太近。

(3) 调节光学仪器螺钉的动作要轻柔,锁紧镙钉也是锁住即可,不可用力过大,以免

损坏器件。

【思考题】

几何光学实验中要产生一束方向一定的入射光,这个要求如何实现?

实验 3.17　万用电表的使用

【实验目的】

(1) 学习使用万用电表测量电压、电流和电阻。

(2) 测量数字万用表的准确度。

(3) 了解使用万用电表检查电路故障的方法。

【实验仪器】

直流稳压电源、3 位半数字万用表、万用电表、电流表、电压表、电阻箱、滑动变阻器、开关及导线。

【实验原理】

1. 万用电表

万用电表是实验室常用的一种仪表,可用来测量电压、电流、电阻、交流电压及电流等,还可用来检查电路和排除电路故障。

万用电表主要由磁电型测量机构(亦称表头)和转换开关控制的测量电路组成。实际上它是根据改装电表的原理,用一个表头分别连接各种测量电路而改成多量程的电流表、电压表及欧姆表,是既能测量直流也能测量交流的复合表。其度盘上按表的功能不同有各种不同的刻度,以指示相应的值,如电流值、电压值等。对于某测量内容,一般可分成大小不同的几挡(测量电阻时每挡标明不同的倍率),每挡标明的是它相应的量限,即使用该挡测量时所允许的最大值,而各种量、各种不同的量限所对应的测量电路均通过转换开关实现和表头的连接。所以测量时可通过转换开关实现对不同测量线路的选择,以适应各种测量的要求。

使用万用电表时应注意以下几点:

(1) 首先要搞清需测什么物理量。切勿用电流挡、欧姆挡测量电压。

(2) 正确选择量程。如果被测量的大小无法估计,应选择量程最大的一挡,以防仪表过载,若偏转过小,则将量程变小。

(3) 测量电路中的电阻时,应将被测电路的电源切断。

(4) 用机械万用电表测量电阻时,应在测量前先校正电阻挡的零点,在换量程后也需重新调零,否则读数不准确。

(5) 机械万用电表用毕,应将旋钮调到交流电压最大一挡或调到空挡,以免下次使用时不慎损坏电表,特别注意不要停在欧姆各挡,以免表笔两端短路,致使电池长时间通电。

(6) 数字万用表的最高位显示"1"而后面不显示任何数,表示测量已"溢出"。

2. 数字万用表的准确度

数字万用表测直流电压(不包括"1000 V")的准确度为 $\pm(0.5\%$读数值$+3)$,其中"3"为最低位的 3 个单位。数字万用表测交流电压(不包括"750 V")的准确度为 $\pm(0.8\%$读数值+5)。数字万用表测直流电流(不包括"20 A")的准确度为±(1.5%读数值+3),其中"3"为最低位的 3 个单位。数字万用表测交流电流(不包括"20 A")的准确度为±(1.5%读数值+5),其中"5"为最低位的 5 个单位。

数字万用表测量电阻的准确度如下:量程"200 Ω"的准确度为±(0.8%读数值+5),其中"5"为最低位的 5 个单位;量程"20 MΩ"的准确度为±(1.2%读数值+8),其中"8"为最低位的 8 个单位;其余的为±(0.8%读数值+3)。

3. 用万用电表检查电路故障的原理

首先应检查电路设计图是否有误,再检查电路连接是否有误,是否有接错、漏接和多接的情况。有时电路接线正确,但电路还存在故障,如电表或元件损坏而导致断路或短路,又如导线断路或焊接点假焊、电键的接触不良均会造成断路,这些故障往往无法从外观发现,排除这种故障往往要借助于仪器进行检查,通常是用万用电表。

1) 电压检查法

在通电的情况下,常采用逐点测试电压的方法找寻故障的所在。如图 3.17.1 所示的分压电路,当接通电路时电压表、电流表均无指示。

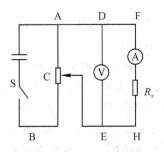

图 3.17.1　电压检查法示例电路

一般可用万用电表的电压挡进行测量检查(注意万用电表的电压量程应大于或等于电源电压),先检查电源电压是否正常,然后观测 A、B 两端是否有电压,若电压正常则移动滑动头 C,观察 D、E 两端分压电压是否有变化,若无变化再量 C、B 间的电压,若正常则故障一定在 C、D 之间,可能 C、D 间导线内部断开,或是 C、D 端接触不良。若 C、D 之间更换完好的导线后,电压表指示正常,但电流表仍无指示,则故障一定在 D、F、H 的支路里,该支路导线至少有一处断线或接触不良,或电流表损坏,或负载本身断路,只要有其中一个原因均会引起电流表无指示,故从电压的异常情况就可找到故障的所在。

这种方法的优点是:在有源的电路中能带电测量,检查运行状态下的电路时简便、有效。

2) 电阻检查法

电阻检查法要求在切断电源后不带电的情况下检查,并且待测部分无其他分路。对电路各个元件、导线逐个进行检查测量。这种方法对检查各个元件、导线等的质量好坏及查明故障的所在及原因是十分有用的。

【实验内容及步骤】

(1) 用电阻箱"×1""×100""×1000"三挡的三种基本电阻(1 Ω、5 Ω、100 Ω、200 Ω、

500 Ω、和 10 kΩ、20 kΩ、50 kΩ)作为标准电阻,检查数字万用表测量电阻的准确度。

(2)测量直流电压。从直流稳压电源上调出 2.5 V 电压,用分压器调节 0~2 V 的输出电压,以数字万用表"2 V"挡的读数为准确值,对万用表的"2.5 V"作校正曲线,校正点不少于 10 个。

(3)用两种方法检测线路故障。

【实验数据记录及处理】

(1)检查万用表电阻的准确度,将实验数据填入表 3.17.1 中。

表 3.17.1 万用表电阻测量数据

标准电阻 R_1/Ω	1	5	100	200	500	10k	20k	50k
测量值 R_2/Ω								
$\Delta R/\Omega$								

(2)测量直流电压,将实验数据填入表 3.17.2 中。

表 3.17.2 直流电压测量数据

标准电压 U_1/V	0	0.3	0.6	0.9	1.2	1.5	1.8	2.1	2.4	2.7	3.0
测量电压 U_2/V											
$\Delta U/V$											

【实验注意事项】

实验台的电源开关、直流电源的输出调节旋钮都应该放在电压输出为 0 的位置。

【思考题】

(1)在接线之前,实验台的电源开关、直流电源的输出调节旋钮分别应该放在什么位置?电表的量程、电阻箱的指示值分别应该取多少?

(2)误用万用表的电流挡测电压会出现什么后果?反之呢?

(3)误用电阻挡测电压会出现什么后果?

实验 3.18 伏安法测电阻

【实验目的】

(1)了解分压电路的调节特性,正确使用电流表、电压表、滑动变阻器。

(2)掌握用伏安法测电阻的方法。

(3)掌握伏安法测电阻的线路比较与选择及适用条件。

【实验仪器】

直流稳压电源、电压表、电流表、滑动变阻器、待测电阻、导线。

【实验原理】

伏安法测电阻,就是根据欧姆定律,通过直接测量电阻两端的电压和通过电阻的电流而求出电阻值。电压、电流测量的准确程度将直接影响电阻的测量结果。

1. 分压电路及其调节特性

1）分压电路的接法

如图 3.18.1 所示，将滑动变阻器 R 的 A、B 两固定端接在直流电源 E 上，将滑动端 C 与任一固定端（如 B 端）作分压输出端，并接入负载 R_L。图中 B 端电位低，C 端电位高，C、B 间的分压值 U 随 C 端滑动而改变。U 值可用电压表测量。当 C 与 B 重合时，分压为零，是分压器的安全位置。此种接法称为分压电路的接法。

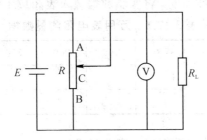

图 3.18.1　滑动变阻器分压电路

2）分压电路的调节特性

当电压表内阻很大，可忽略对电路的影响时，根据欧姆定律可得分压 U 为

$$U = \frac{R_{BC}R_L}{RR_L + (R - R_{BC})R_{BC}}E \qquad (3.18.1)$$

可变电阻 R_{BC} 由 0 向 R 变化时，输出分压 U 将随之从 $0 \to E$ 变化。

分压曲线与负载 R_L 有关，理想情况下 $R_L \gg R$，$U = \dfrac{R_{BC}}{R}E$ 与 R_{BC} 成正比，即 C 端由 B 向 A 滑动时，U 将随之从 0 向 E 线性调节。

一般 R_L 相对于 R 不是很大，U 不与 R_{BC} 成正比，分压与滑动端位置间的关系如图 3.18.2 所示。由图可知，$\dfrac{R_L}{R}$ 越小，曲线越弯曲，即当滑动触头从 B 端移动时，很大一段范围分压增加很小，接近 A 端时分压急剧增大，调节起来不方便。因此，通常变阻器需依据外负载选择。必要时，要同时考虑电压表内阻对分压的影响。

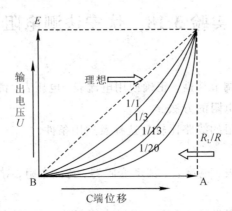

图 3.18.2　滑动变阻器输出电压与 C 端位置的关系

2. 伏安法测电阻

根据欧姆定律，如果测出电阻两端的电压 U 及通过电阻的电流 I，则可计算出电阻值 $R(R=U/I)$。这种测量电阻的方法称为伏安法。

1) 伏安法测电阻的误差分析

伏安法测电阻 R 的实验线路通常有两种接法，即电流表内接法和电流表外接法，如图 3.18.3 所示。由于电表内阻的影响，不论采用哪一种接法总存在方法误差，但经修正后都可获得准确结果。

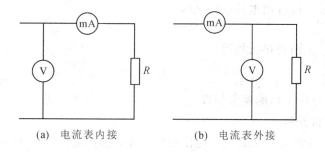

(a) 电流表内接   (b) 电流表外接

图 3.18.3 伏安法测电阻的两种接法

（1）内接法引入的误差。如图 3.18.3(a)所示，设电流计的内阻为 R_A，回路电流为 I，则电压表测出的电压值为

$$U=IR+IR_A=I(R+R_A) \tag{3.18.2}$$

即电阻的测量值 R_x 为

$$R_x=R+R_A \tag{3.18.3}$$

可见测量值 R_x 大于实际值 R，测量的绝对误差为 R_A，相对误差为 $\dfrac{R_A}{R}$。由电流表内阻引入的误差可用下列公式修正：

$$R\approx R_x\left(1-\frac{R_A}{R}\right) \tag{3.18.4}$$

当 $R_A\ll R$ 时，可用内接法。

（2）外接法引入的误差。如图 3.18.3(b)所示，设电阻 R 中的电流为 I_R，又设电压表中流过的电流为 I_V，电压表的内阻为 R_V，则电流表中流过的电流为

$$I=I_R+I_V=U\left(\frac{1}{R}+\frac{1}{R_V}\right) \tag{3.18.5}$$

因此，电阻 R 的测量值 R_x 为

$$R_x=\frac{U}{I}=R\cdot\frac{R_V}{R+R_V} \tag{3.18.6}$$

因为 $R_V<(R+R_V)$，所以测量值 R_x 小于实际值 R，测量的相对误差为

$$\frac{R_x-R}{R}=-\frac{R}{R+R_V} \tag{3.18.7}$$

式(3.18.7)中的负号是由于绝对误差是负值。由电压表内阻引入的误差可用下列公式修正：

$$R \approx R_x\left(1+\frac{R}{R_\mathrm{V}}\right) \tag{3.18.8}$$

只有当 $R_\mathrm{V} \gg R$ 时才可以用外接法。

2）两种接法的选择

两种接法的选择可由计算判断：

（1）若 $\dfrac{R_\mathrm{V}}{R} > \dfrac{R}{R_\mathrm{A}}$，可选用电流表外接法。

（2）若 $\dfrac{R_\mathrm{V}}{R} < \dfrac{R}{R_\mathrm{A}}$，可选用电流表内接法。

（3）若 $\dfrac{R_\mathrm{V}}{R} = \dfrac{R}{R_\mathrm{A}}$，两种接法均可。

【实验内容及步骤】

（1）定性观察分压电路的调节特性。

（2）观察电阻伏安特性：

① 任选 2 kΩ、200 Ω、51 Ω 三个电阻中的一个，选择测量电路（内接或外接），选择电表合适量程，使电表读数在半偏以上为佳。

② 按所选电路连线，经教师检查合格后方可接通电源进行测量。

③ 调节滑动变阻器，使电流由小到大，测量 5～6 组不同的电压、电流值。

④ 分析处理数据，并计算不确定度。

⑤ 用作图法求电阻。以电压 U 为横轴，电流 I 为纵轴，由描点图像的斜率求电阻值。

（3）用伏安法测电阻：

分别用内、外接法测 2 kΩ、200 Ω、51 Ω 三个电阻，详细记录实验数据，进行计算、分析、比较，注意给出电阻 R 的测量结果。

【实验数据记录及处理】

实验中的相关数据记录如表 3.18.1 所示。

电流表准确度等级为＿＿＿＿＿＿＿；量程 $I_\mathrm{m} =$ ＿＿＿＿＿＿＿ mA 时，$R_I =$ ＿＿＿＿＿＿＿ Ω；$\Delta_{R_I} =$ ＿＿＿＿＿＿＿；

电压表准确度等级为＿＿＿＿＿＿＿；量程 $U_\mathrm{m} =$ ＿＿＿＿＿＿＿ V 时，$R_\mathrm{V} =$ ＿＿＿＿＿＿＿ Ω；$\Delta_{R_\mathrm{V}} =$ ＿＿＿＿＿＿＿。

表 3.18.1　实验数据记录表

被 测 电 阻 约 值			51 Ω	200 Ω	2000 Ω
电流表内接	记录	电压表量程 U_m/V			
		电流表量程 I_m/mA			
		电压表读数 U/V			
		电流表读数 I/mA			
	计算	$R=\dfrac{U}{I}-R_I$			
		简化计算误差 $\left(\dfrac{U}{I}-R\right)$			

被 测 电 阻 约 值			51 Ω	200 Ω	2000 Ω
电流表外接	记录	电压表量程 U_m/V			
		电流表量程 I_m/mA			
		电压表读数 U/V			
		电流表读数 I/mA			
	计算	$R = \left(\dfrac{I}{U} - \dfrac{1}{R_v} \right)^{-1}$			
		简化计算误差 $\left(\dfrac{U}{I} - R \right)$			
讨　　论		比较 $\left(\dfrac{U}{I} - R \right)$，说明哪种接法好？			

【实验注意事项】

(1) 电源不可以短路或过载。

(2) 滑动变阻器的滑动端应预置安全位置。

(3) 电表指针不可以长时间超量程。

(4) 线路经检查后方可通电。

【思考题】

(1) 为什么说内接法和外接法都存在系统误差？分析误差来源有哪些。

(2) 如何连接内接法、外接法电路？

(3) 滑动变阻器的使用有两种方法，即分压法和降压法，试说明两种方法有何不同，在使用时应注意哪些事项。

(4) 在电表和待测电阻一定的条件下，如何确定滑动变阻器的规格？

(5) 内接法测电阻应该注意哪些问题？内接法适合测量何种电阻的电路？

(6) 外接法测电阻实验中应该注意哪些问题？外接法适合测量何种电阻的电路？

(7) 实验中为什么要检查电表的实际量程？在不知道实际电流的情况下如何操作？

实验 3.19　二极管伏安特性曲线的测绘

【实验目的】

(1) 掌握非线性元件伏安特性的测定方法。

(2) 了解晶体二极管的正向导电特性。

(3) 测定二极管的伏安特性。

(4) 学习处理实验数据的方法。

【实验仪器】

稳压电源、电流表、电压表、滑动变阻器、可变电阻箱、开关、待测二极管。

【实验原理】

晶体二极管又叫半导体二极管，半导体的导电性能介于导体和绝缘体之间。如果在纯净半导体中掺入微量其他元素，其导电性能会有成千上万倍的增长。半导体可分为两种类型，一种是杂质掺入半导体中会产生许多带负电的电子，这种半导体叫 N 型半导体；另一种是杂质加到半导体中会产生许多缺少电子的空穴，这种半导体叫 P 型半导体。为了弄清在纯净半导体中掺入杂质会使其导电性能大大提高的原因，我们来看一下半导体的结构。

纯净半导体材料(如硅、锗)原子结构的共同特点是最外层的价电子数为 4 个。将硅、锗半导体材料制成单晶体后，原子的排列由杂乱无序的状态变成非常整齐的状态，原子间的距离是相等的，约为 $2.5 \times 10^{-4}\ \mu m$。每个原子最外层的电子不仅受自身原子核的束缚，而且还与周围的 4 个原子发生联系，形成共价键结构。在热激发状态下，少数共有电子脱离原子核的束缚成为自由电子，在共价键位置上留下一个空穴，附近的共有电子很容易移动过来填补空穴位置，从现象和效果上看，就像一个带正电的空穴在移动。因此在纯净半导体中，不仅有电子载流子，还有空穴载流子。在单晶半导体中这种载流子数量很少，导电能力较差。如果我们在硅单晶中掺入三价硼元素，由硼原子和周围的 8 个硅原子形成共价键结构，就多出一个空穴，得到 P 型半导体。在硅单晶中掺杂五价磷元素，磷原子最外层 5 个电子中有 4 个电子与周围的 8 个硅原子的外层电子组成共价键结构，多出的一个电子成为自由电子，形成 N 型半导体。可见，半导体中掺入杂质后其载流子数量大大增加，导电能力也就大大提高了。

晶体二极管是由两种不同导电性能的 P 型和 N 型半导体结合形成 PN 结所构成的，正极由 P 型半导体引出，负极由 N 型半导体引出，其结构和表示方法如图 3.19.1 所示。

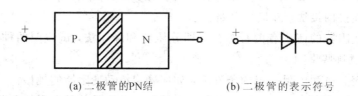

(a) 二极管的PN结　　　　　(b) 二极管的表示符号

图 3.19.1　二极管的结构和表示方法

关于 PN 结的形成和导电性能可做如下解释：

由于 P 区中空穴浓度大，空穴由 P 区向 N 区扩散；而 N 区中自由电子浓度大，自由电子就由 N 区向 P 区扩散。在 P 区和 N 区交界面上形成一个带正负电荷的薄层，称为 PN 结。这个薄层内正负电荷形成一个内电场，其方向恰好与载流子扩散方向相反。当扩散作用和内电场作用平衡时，P 区中空穴和 N 区中自由电子不再减少，带电薄层不再增加，达到动态平衡，我们称带电薄层为耗尽层，厚度约为几十微米。

当 PN 结加正向电压时(P 极接电源正极，N 极接电源负极)，外电场与内电场方向相反，耗尽层变薄，载流子可顺利通过 PN 结，形成较大电流，故 PN 结正向导电时，电阻很小。当 PN 结加反向电压时，外电场与内电场方向相同，耗尽层变厚，载流子很难通过耗尽层，反向电流较小，反向电阻很大。

【实验内容及步骤】

本实验选择锗管 2AP9。接线如图 3.19.2 和图 3.19.3 所示(二极管分别正向外接、反向内接)。需要注意的是，测量时一定要加限流电阻 R_s。

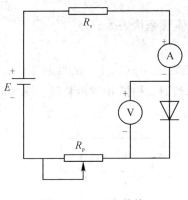

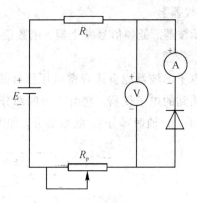

图 3.19.2　正向外接　　　　　　　　　　　　　　　图 3.19.3　反向内接

【实验数据记录及处理】

　　电流表选择 2 mA 或 200 μA 挡，电压表选择 2 V 挡。测量直流稳压电源输出时须仔细调节调电位器。电压及电流值记录于表 3.19.1 中。

表 3.19.1　电压、电流值

次数 n	1	2	3	4	5	6	7	8	9	10
U/V										
I/mA										

　　测量结果：根据实验数据画出二极管的伏安特性图。

【实验注意事项】

　　(1) 为保护直流稳压电源和待测元件，测量前必须将电压输出调为零，标准电阻箱阻值放在最大值，然后按实验步骤进行测量，电压调节要慢慢微调。

　　(2) 测量二极管伏安特性时，为了防止二极管烧坏，一定要串一个限流电阻。

　　(3) 外接测量元件要选择合适的器件。

　　(4) 测量时要选择正确的挡位，在测量中不要随便改变挡位。

【思考题】

　　(1) 试设计用桥式电路测试二极管伏安特性的实验线路图。

　　(2) 查阅发光二极管、开关二极管、整流二极管等多种非线性器件的伏安特性，比较它们的共性和特性。

实验 3.20　电子示波器的使用

【实验目的】

　　(1) 了解示波器的大致结构。

　　(2) 学习示波器的使用方法，特别是扫描和整步的使用。

　　(3) 学会用示波器测交流信号的电压、周期和频率。

【实验仪器】

示波器、低频信号发生器、函数信号发生器、晶体管毫伏表等。

【实验原理】

电子示波器能直接观察电压信号的波形，并能测定电压的大小，是目前生产、科研中经常用到的电子仪器。它由下列四部分组成：电子示波管、扫描和整步装置、放大部分（包括 X 轴、Y 轴两部分）、电源部分，如图 3.20.1 所示。

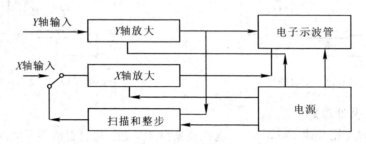

图 3.20.1　电子示波器的结构

1. 电子示波管

电子示波管是示波器中最主要的部件，其结构如图 3.20.2 所示，阴极 K 受灯丝 F 加热而发射电子，这些电子受带正高压电的加速阳极 A_1 加速，并经由 A_1、A_2 组成的聚焦系统，形成一束很细的高速电子流到达荧光屏。荧光屏上涂有荧光粉，它在高能电子的激发下出现亮点，亮点的大小取决于 A_1、A_2 组成的电子透镜的聚焦，改变 A_2 相对 A_1 的电压，就可以改变电子透镜的焦距，使其正好聚焦在荧光屏上，成为一个很小的亮点。因此，调节 A_2 的电位，称为聚焦调节。示波管内装有两对互相垂直的平行板，如在垂直方向平行板 Y 上加周期性变化的电压，电子束通过时受到电场力的作用而上下偏转，在荧光屏上就可看到一条垂直的亮线；同理，在水平方向平行板 X 上加周期性变化的电压，也可看到一条水平亮线。因而这两对平行板加上变化的电压就能对运动的电子束产生偏转作用，称为偏转板。在一定的范围内，亮点的位移与偏转板上所加电压成正比。控制栅极 M，加上相对于阴极为负的电压，调节其高低就能控制通过栅极电子流的程度，使荧光屏上光迹的亮度（辉度）发生变化。因此，调节栅极的电位称为辉度调节。

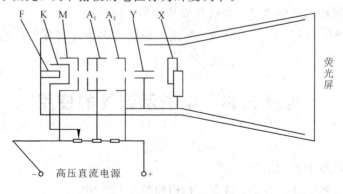

图 3.20.2　示波管的结构

2. 扫描和整步

如果在水平偏转板（或横偏板）上加波形为锯齿形的电压，如图 3.20.3(a)所示，锯齿电压的特点是：电压从 $-U_{im}$ 开始随时间成正比地增加到 U_{im}，然后瞬时返回 $-U_{im}$，再从头开始与时间成正比地增加，重复这个过程，此时电子束在荧光屏上的亮点就会做相应的运动，亮点由左匀速地向右运动，到右端后马上回到左端，然后再从左端匀速地向右运动，不断地重复这个过程。亮点只在横方向运动，我们在荧光屏上看到的便是一条水平线，如图 3.20.3(b)所示。上述锯齿电压也称为扫描电压。

(a) 锯齿波　　　　　　(b) 荧光屏上的水平线

图 3.20.3　水平偏转板加锯齿波

如果在垂直偏转板 Y（或纵偏板）上加正弦电压，如图 3.20.4(a)所示，而横偏板不加任何电压，则电子束的亮点在纵方向随时间做正弦式振荡，在横方向不动，我们在荧光屏上看到的将是一条垂直的亮线，如图 3.20.4(b)所示。

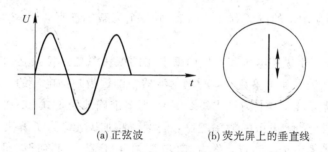

(a) 正弦波　　　　　　(b) 荧光屏上的垂直线

图 3.20.4　垂直偏转板加正弦波

如果在纵偏板上加正弦电压，又在横偏板上加扫描电压，则荧光屏上的亮点将同时进行方向互相垂直的两种位移。我们看见的将是亮点的合成位移，即正弦图形。其合成原理如图 3.20.5 所示，对于正弦电压的 a 点，锯齿形电压是负值 a′，亮点在荧光屏上 a″处；对于正弦电压的 b 点，锯齿形电压是负值 b′，亮点在荧光屏上 b″处 ⋯⋯故亮点由 a″经 b″、c″、d″到 e″，描出了正弦图形。如果正弦波与锯齿波的周期相同，则正弦波电压到 e 时锯齿波电压也刚好到了 e′，从而亮点描完整个正弦曲线。由于锯齿形电压这时马上变负，故亮点回到左边，重复前面的过程，亮点第二次在同一位置描出同一根曲线。这时我们将看见这根曲线稳定地停在荧光屏上。但如果正弦波与锯齿波的周期稍有不同，则第二次所描出的曲线位置将与第一次的曲线位置稍稍错开；在荧光屏上将看见不稳定的图形或不断移动的图形，甚至很复杂的图形。

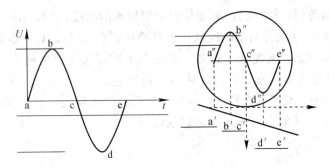

图 3.20.5　合成原理图

由上可知：

（1）要想看见纵偏电压的图形，必需加上横偏电压，把纵偏电压产生的垂直亮线"展开"来，这个展开过程称为"扫描"。如果扫描电压与时间成正比变化（锯齿形波扫描），则称为线性扫描。线性扫描能把纵偏电压波形如实地描绘出来。如果横偏加非锯齿形波，则为非线性扫描，描出来的图形将不是原来的波形。

（2）只有纵偏电压与横偏电压振动周期严格地相同，或后者是前者的整数倍，图形才会简单而稳定。换言之，构成简单而稳定的示波图形的条件是纵偏电压频率与横偏电压频率的比值是整数，也可表示为如下公式：

$$\frac{f_y}{f_x} = n \quad n = 1, 2, \cdots \tag{3.20.1}$$

其中，n 为示波器显示出的波形数。$n=1$ 显示一个完整的波形，$n=2$ 显示两个完整的波形，等等。

实际上，由于产生纵偏电压和产生横偏电压的振荡源是互相独立的振荡源，它们之间的频率比不会自然满足简单整数比，所以示波器中的锯齿扫描电压的频率必须可调，细心调节它的频率，就可以大体上满足式（3.20.1）。但要准确地满足式（3.20.1），光靠人工调节还是不够的，特别是待测电压的频率越高，问题就越加突出。为了解决这一问题，在示波器内部加装了自动频率跟踪装置，称为"整步"。在人工调节到接近满足式（3.20.1）的条件下，再加入"整步"的作用，扫描电压的周期就能准确地等于待测电压周期的整数倍，从而获得稳定的波形。

（3）如果纵偏加正弦电压，横偏也加正弦扫描电压，那么得出的图形将是李萨如图形，不同相位差对应的李萨如图形如表 3.20.1 所示。李萨如图形可用来测量未知频率，令 f_x、f_y 分别代表纵偏和横偏电压的频率，n_x 代表 X 方向的切线和图形相切的切点数，n_y 代表 Y 方向的切线和图形相切的切点数，则有

$$\frac{f_y}{f_x} = \frac{n_x}{n_y} \tag{3.20.2}$$

如果已知 f_x，则可由李萨如图形和关系式（3.20.2）求出 f_y。

表 3.20.1　不同相位差对应的李萨如图形

频率比	相位差				
	0	$\pi/4$	$\pi/2$	$3\pi/4$	π
1:1			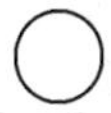		
1:2				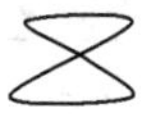	
1:3			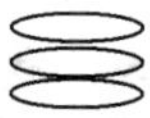		

3. 水平与垂直放大电路

由于示波管本身的 Y 轴及 X 轴偏转板灵敏度不高，当加在偏转板上的信号电压较小时，电子束不能发生足够的偏转，以致屏上光点位移过小，不便观察，这就需要预先将小信号电压加以放大再加到偏转板上。为此，设置 Y 轴和 X 轴放大器。另外，从"Y 轴输入"与"地"两端接入的 Y 轴输入电压信号，或从"X 轴输入"与"地"两端接入的 X 轴输入电压信号，首先必须经"衰减器"（即分压器）衰减后，再给 Y 轴或 X 轴电压放大器，经放大器放大若干倍后加到对应的偏转板上。衰减器的作用是使过大的输入电压变小，以适应 Y 轴或 X 轴放大器的要求，否则放大器不能正常工作，甚至受损。

4. 电源

电源系统用以供给示波管及各部分电子电路所需要的各种交直流电压。

示波器一般有两种工作方式：Y 工作方式，即 X 偏转板加扫描电压，而 Y 偏转板加待测电压信号，多用于观察电压信号的波形；X－Y 工作方式，即 Y、X 偏转板同时输入信号电压，多用在测量频率、观察李萨如图形。

【实验内容及步骤】

（1）熟悉示波器上各旋钮的作用。

（2）观察波形，调节信号发生器的输出幅度，用晶体管毫伏表测量它的幅度有效值，使其等于 1.00 V，然后用示波器观察波形。

（3）用"校准信号"对 Y 轴分度，记下示波器使用的灵敏度 $S(\text{V/div})$，然后测量上述波形的峰-峰值，将其换算到有效值，与 1.00 V 相比较，看它们是否符合。

（4）用扫描范围旋钮上的刻度测量上述波形的周期，然后换算到频率，试与频率计的读数进行比较。

（5）用李萨如图形测量上述波形的频率。

【实验数据记录及处理】

（1）观察波形。

（2）测量正弦波的电压，将实验数据填入表 3.20.2 中。

表 3.20.2　正弦波的电压

U_1	1.0 V	1.5 V
偏转因数		
格数 N_1		
衰减倍数 n		
U_{PP}		
U_2		

（3）测量正弦波的频率，将实验数据填入表 3.20.3 中。

表 3.20.3　正弦波的频率

f_1	100 H_Z	5000 H_Z
每格扫描时间 t		
格数 N_2		
衰减倍数 n		
T		
f_2		

（4）用李萨如图形测量波形的频率，并记录到表 3.20.4 中。

表 3.20.4　李萨如图形测量的波形的频率

李萨如图形	N_x	N_y	f_x	f_y	$f_x : f_y$

【实验注意事项】

荧光屏上的光点（扫描线）不可调得过亮，并且不可将光点（扫描线）固定在荧光屏上某一位置时间过久，以免损坏荧光屏。

【思考题】

（1）示波器的主要功能是什么？

（2）观察波形的几个重要步骤是什么？

（3）怎样用示波器测量待测信号的峰-峰值？

【拓展阅读：HH4310A 型通用示波器】

下面以 HH4310A 型通用示波器为例，说明仪器各旋钮的作用及仪器的基本操作。示波器面板示意图如图 3.20.7 所示。

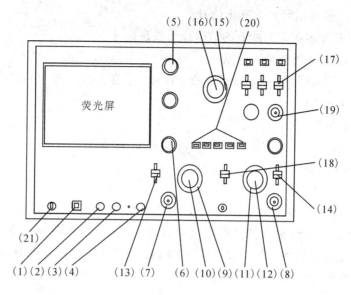

图 3.20.7　示波器面板示意图

控制示波管电路的旋钮有：

（1）POWER：主电源开关。

（2）INTEN：辉度，用于调节光点和波形的亮度。

（3）FOCUS：聚焦，用于调节波形的粗细使之最清晰。

（4）ILLUM：标尺亮度，用于调节刻度照明的亮度。

（5）、（6）POSITION："←→"、"↑"分别为 X 轴和 Y 轴移位旋钮，分别用来调节波形左右、上下位移。

（7）$Y_1(X)$：Y_1 的垂直输入端，在 $X-Y$ 工作方式时作为 X 轴输入端。

（8）$Y_2(Y)$：Y_2 的垂直输入端，在 $X-Y$ 工作方式时作为 Y 轴输入端。

（9）、（11）V/cm：Y 轴衰减控制旋钮，分别用于将 Y_1、Y_2 输入信号适当减弱或增加，使屏上显示出大小合适的波形。

（10）、（12）VARIABLE：用于微调。

（13）、（14）AC－⊥－DC：输入信号与垂直放大器连接方式的选择开关。

（15）At/cm：扫描范围旋钮，用于调整扫描频率的大小。

（16）VARIABLE：用于微调。

下面是整步电路控制旋钮：

（17）SOURCE：整步信号选择开关。有三挡：

•"内"：以内整步开关（18）选择的内部信号作为整步信号。在 $X-Y$ 工作方式时，起连通信号的作用。

•"外"：以外整步输入端（19）的输入信号作为整步信号。

•"电源"：以电源信号作为整步信号。

（18）INT TRIG：内整步开关，选择内部的整步信号。有三挡：

•Y_1：以 Y_1 输入信号作为整步信号，在 $X-Y$ 工作方式时，该信号连接到 X 轴上。

- Y$_2$：以 Y$_2$ 输入信号作为整步信号。
- Y 方式：把显示在荧光屏上的信号作为整步信号。

(19) EXT TRIG：外整步输入端。

(20) VERT MODE：选择垂直系统的工作方式。有五挡：

- Y$_1$：Y$_1$ 单独工作。
- 交替：Y$_1$ 和 Y$_2$ 交替工作。
- 断续：以频率为 250 kHz 的速率轮流显示 Y$_1$ 和 Y$_2$。
- 相加：用来测量代数和（Y$_1$＋Y$_2$）。
- Y$_2$：Y$_2$ 单独工作。

(21) CAL(V$_{P-P}$)：校准信号，该端输出频率为 1000 Hz，校准电压是峰值为 0.5 V 的正方形波。观察双通道输入的波形合成用 X－Y 方式，单通道输入波形则用 Y 工作方式。X－Y 工作方式的设置：Y 方式开关(20)置于 Y$_2$（X－Y），内整步开关(18)置于 Y$_1$（X－Y），整步信号选择开，扫描范围开关(15)逆时针旋转到底，这时示波器就处于 X－Y 工作方式。

示波器操作注意事项：

(1) 为了防止对示波管的损坏，不要使示波管的扫描线过亮或光点长时间静止不动。

(2) 将电源线插入交流电源插座之前，按表 3.20.5 设置仪器的开关及控制旋钮(或按键)。

表 3.20.5　仪器设置

项目	旋钮代号	位置设置
电源	(1)	断开位置
辉度	(2)	相当于时钟"3 点"位置
聚焦	(3)	中间位置
标尺亮度	(4)	逆时针旋转到底
Y 方式	(20)	Y$_1$
↑位移	(6)	中间位置，推进去
V/cm	(9)，(11)	10 mV/cm
微调	(10)，(12)	校准(顺时针旋转到底)推进去
AC－⊥－DC	(13)，(14)	⊥
内整步开关	(18)	Y$_1$
整步信号选择开关	(17)	内
扫描范围	(15)	0.5 ms/cm
微调	(16)	校准(顺时针旋转到底)推进去
←→位移	(5)	中间位置

实验 3.21　用惠斯通电桥测电阻

【实验目的】

(1) 掌握惠斯通电桥测电阻的原理。

(2) 学会正确使用惠斯通电桥测电阻的方法。

(3) 了解提高电桥灵敏度的几种途径。

【实验仪器】

直流电源、万用电表、滑动变阻器、电阻箱(4 个)、检流计、待测电阻(阻值差异较大的 3 个)、开关和导线。

【实验原理】

1. 基本原理

电桥是利用比较法进行电磁测量的一种电路连接方式,它不仅可以测量很多电学量,如电阻、电容、电感等,配合不同的传感器件,还可以测量很多的非电学量,如温度、压力等。

实验室里常用的电桥有惠斯通电桥(单臂电桥)和开尔文电桥(双臂电桥)两种。前者一般用于测量中高值电阻;后者一般用于测量 1 Ω 以下的低值或超低值电阻。

惠斯通电桥的原理如图 3.21.1 所示。图中 ab、bc、cd、和 da 四条支路分别由电阻 $R_1(R_x)$、R_2、R_3 和 R_4 组成,称为电桥的四条桥臂。通常桥臂 ab 接待测电阻 R_x,其余各臂电阻都是可调节的标准电阻(由于电阻箱的准确度较高,因此用它作为标准电阻)。在 bd 两对角间连接检流计、开关和限流电阻 R_G。在 ac 两对角间连接电源、开关和限流电阻 R_E。当接通开关 S_E 和 S_R 后,各支路中均有电流流通,检流计支路起了沟通 abc 和 adc 两条支路的作用,可直接比较 b、d 两点的电势,电桥之名由此而来。适当调整各臂的电阻值,可以使流过检流计的电流为零,即 $I_G = 0$。这时,称电桥达到了平衡。平衡时 b、d 两点的电势相等。根据分压器原理可知:

$$U_{bc} = U_{ac} \frac{R_2}{R_1 + R_2} \tag{3.21.1}$$

$$U_{dc} = U_{ac} \frac{R_3}{R_3 + R_4} \tag{3.21.2}$$

平衡时 $U_{bc} = U_{dc}$,即

$$\frac{R_2}{R_1 + R_2} = \frac{R_3}{R_3 + R_4} \tag{3.21.3}$$

$$R_1 = \frac{R_2}{R_3} R_4 \tag{3.21.4}$$

$$R_x = \frac{R_2}{R_3} \cdot R_4 = c \cdot R_4 \quad (c \text{ 是倍率, } R_4 \text{ 可读}) \tag{3.21.5}$$

式(3.21.5)又称电桥平衡条件,由此式可知,待测电阻 R_x 等于 R_2/R_3 与 R_4 的乘积。通常称 R_2、R_3 为比例臂,与此相应的 R_4 为比较臂,R_1 为测量臂。所以电桥由四臂(测量臂、比较臂和比例臂)、检流计和电源三部分组成。与检流计串联的限流电阻 R_G 和开关 S_R 都

是为在调节电桥平衡时保护检流计，不使其在长时间内有较大电流通过而设置的。倍率 c 的选择原则是：① 应使电桥比较臂电阻旋钮尽量多地使用，以获得最多有效数字，提高测量精度；② 一般情况下 c 的选取要使 R_4 能读取四位有效数字。

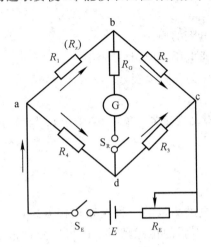

图 3.21.1　惠斯通电桥的原理图

2. 电桥的灵敏度

在电桥平衡后，若桥路中的电阻值发生改变，电桥就会失去平衡，使检流计指针发生偏转。设 R_4 的改变量为 ΔR_4 时指针偏转 Δn 格，则 $\Delta n / \Delta R_4$ 称为电桥的灵敏度。

常用相对灵敏度 S 来表示电桥灵敏度，电桥的相对灵敏度为

$$S = \frac{\Delta n}{\dfrac{\Delta R_4}{R_4}} \tag{3.21.6}$$

可见，当 $\Delta R_4 = R_4$（即分母是 1），也就是 R_4 变化一倍时，电桥的相对灵敏度等于检流计偏转的格数。电桥平衡时，如果 R_4 变化 ΔR_4，指针偏转不能被察觉（看不出指针偏转），则测量误差一定大于 ΔR_4，所以这个微小变化 ΔR_4 取决于电桥灵敏度 S。

由式（3.21.6）可知，如果检流计的可分辨偏转量为 Δn，则由电桥灵敏度引入被测量的相对误差为

$$\frac{\Delta R}{R} = \frac{\Delta n}{S} \tag{3.21.7}$$

即电桥的相对灵敏度越高（S 越大），由灵敏度引入的误差越小。

3. 惠斯通电桥测电阻的误差分析

在测量中，引起误差的原因有很多，我们主要从两方面来讨论。

（1）组成惠斯通电桥所用电阻箱准确度引入的误差为

$$\left| \frac{\Delta R_x}{R_x} \right| = \left| \frac{\Delta R_2}{R_2} \right| + \left| \frac{\Delta R_3}{R_3} \right| + \left| \frac{\Delta R_4}{R_4} \right| \tag{3.21.8}$$

若 R_2、R_3、R_4 均用 0.1 级的电阻箱，则

$$\left| \frac{\Delta R_x}{R_x} \right| \leqslant 0.3\%$$

（2）由电桥灵敏度引入的误差。

在实验中，影响判断电桥平衡的因素有两个：一是电桥本身的灵敏度 S，若电桥灵敏度低，检流计指针虽然示零，但电桥仍不完全平衡，就会产生误差；另一个是视觉因素，由于人眼的分辨能力有限，检流计的指针偏离平衡在 0.2 格之内，我们的眼睛就无法分辨，这样也会产生误差。因此由于检流计灵敏度带来的测量误差为

$$\frac{\Delta R_x}{R_x} = \frac{\Delta n}{S}$$

若 Δn 取 0.2，则

$$\Delta R_x = \frac{0.2}{S} R_x \tag{3.21.9}$$

实验和理论都已证明，电桥的灵敏度与下面诸因素有关：

① 与检流计的电流灵敏度 S_1 成正比。但是 S_1 值大，电桥就不易稳定，平衡调节比较困难；S_1 值小，测量精确度低。因此选用适当灵敏度的检流计是很重要的。

② 与检流计的内阻有关。检流计的内阻越小，电桥的灵敏度越高，反之则越低。

③ 与电源的内阻 r_E 和电动势 E 有关，电桥的灵敏度与电源的电动势成正比。

④ 与串联的限流电阻 R_E 有关。增加 R_E 可以降低电桥的灵敏度，这对寻找电桥调平衡的规律较为有利。随着平衡逐渐趋近，R_E 值应适当减到最小值。

⑤ 与检流计和电源所接的位置有关。当 $R_G > r_E + R_E$，又 $R_1 > R_3$、$R_2 > R_4$ 或者 $R_1 < R_3$、$R_2 < R_4$ 时，检流计接在 b、d 两点比接在 a、c 两点时的电桥灵敏度来得高。当 $R_G < r_E + R_E$ 时，满足 $R_1 > R_3$、$R_2 < R_4$ 或者 $R_1 < R_3$、$R_2 > R_4$ 的条件，那么与上述接法相反的桥路，灵敏度可更高些。

【实验内容及步骤】

（1）用自组电桥测三个未知电阻。

① 用万用表的欧姆挡对待测电阻进行粗测，并记录其粗测值 $R_{x1粗}$、$R_{x2粗}$、$R_{x3粗}$。

② 按图 3.21.1 所示连接电路，R_2、R_3、R_4 和 R_G 用电阻箱，R_E 为滑动变阻器，取 $E = 6$ V，R_1 处接待测电阻 R_{x1}。

③ 取 $R_2 = R_3 = 500$ Ω，将 R_4 调到待测电阻粗测值 $R_{x1粗}$，为便于调节应先将电阻 R_E、R_G 调至最大值。

④ 按下开关 S_E 和 S_R，观察检流计指针的偏转方向和大小，改变 R_4 再观察，根据观察的情况正确调整 R_4，直至检流计指针无偏转。然后逐渐减小 R_E 及 R_G 值，再调 R_4，一直调到 R_E、R_G 为最小时检流计指针无偏转的状态，记录此时 R_4 的数值。

⑤ 改变 R_4，使检流计指针偏转 10 格以上，记录此时的 ΔR_4 和检流计指针偏转格数 Δn。同理测 R_{x1}、R_{x2}、R_{x3}，记录相关数据。

当 R_x 大于 R_4 的最大值时，则取 $R_2/R_3 = 10$ 或 100 去测量；当电阻箱 R_4 的有效位数不足时，可以取 $R_2/R_3 = 0.1$ 或 0.01。

（2）测量电桥的相对灵敏度，自拟测量步骤。

【实验数据记录及处理】

将本实验数据填入表 3.21.1 中。

表 3.21.1　数　据　表　格

被测电阻	倍率 c	比较臂 R_4/Ω	灵敏度			结果表达式 $R_x = R_{x测} \pm \sigma_{R_x}$
			ΔR_4	Δn	S	
R_{x1}	10					
	1					
	0.1					
R_{x2}	10					
	1					
	0.1					
R_{x3}	10					
	1					
	0.1					

选一组 R_x 测量数据按式(3.21.10)进行处理：

$$\frac{\sigma_{R_x}}{R_x} = \sqrt{\left(\frac{\Delta R_1}{R_1}\right)^2 + \left(\frac{\Delta R_2}{R_2}\right)^2 + \left(\frac{\Delta R_4}{R_4}\right)^2 + \left(\frac{0.2}{S}\right)^2} \quad\quad (3.21.10)$$

测量结果为

$$R_{x测} = R_x \pm \sigma_{R_x}$$

其他 R_x 测量数据处理过程不做要求，写出结果 $R_x = R_x \pm \sigma_{R_x}$ 即可。

【思考题】

(1) 在电桥实验中，如果接通电源后检流计指针始终向一边偏转，电路故障的原因是什么？

(2) 在电桥实验中，如果接通电源后检流计指针始终不偏转，电路故障的原因是什么？

(3) 在电桥实验中，如何消除比例臂误差的影响？

(4) 电桥的灵敏度是否越高越好，为什么？

(5) 根据电阻箱组装电桥的测试结果，说明电桥灵敏度与哪些因素有关？

实验 3.22　用电位差计测量电池的电动势和内阻

【实验目的】

(1) 掌握用电位差计测电动势的原理。

(2) 测量电池的电动势和内阻。

【实验仪器】

学生式电位差计、标准电池与待测电池、电阻箱。

【实验原理】

电位差计是通过将被测电压与内部已知的补偿电压进行比较来测定未知电压或未知电源电动势的。当补偿电压和被测电压平衡时，电位差计既不从被测电路中获取电流，也不会给出电流,从而保证了被测电路的状态不变。这正是补偿法测量的优点和特点。电位差计被广泛地应用在计量工作和其他精密测量中。

1. 电位补偿原理

电压表可以测量电路各部分的电压,但不能测量具有内阻的电源的电动势。因为电压表并联在电源的两端时(见图 3.22.1),根据闭合欧姆定律可知,电压表的指示值是此时电源的端电压,而不是它的电动势。

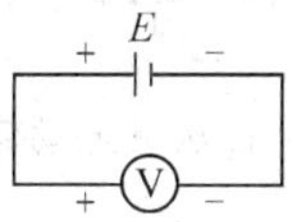

图 3.22.1　电压表并联电源

图 3.22.1 中:

$$U = E - Ir \tag{3.22.1}$$

式中,E 为电源电动势;r 为电源内阻;I 为回路中电流;U 为电压表指示数。

电压表的指示数 U 表示电源的端电压;Ir 为电源内阻上的电压降。由于电源内阻是未知的,因此由式(3.22.1)不能根据 U 的值准确确定电源的电动势。

图 3.22.2 是将被测电动势的电源 E_x 与一已知电动势的电源 E "+"端对"+"端,"−"端对"−",连成一回路,在电路中串联检流计"G"。若两电源电动势不相等,即 $E_x \neq E$,那么回路中必有电流,检流计指针偏转;如果电动势 E 可调并已知,那么改变 E 的大小,使电路满足 $E_x = E$,则回路中没有电流,检流计指示为零,这时待测电动势 E_x 得到已知电动势 E 的完全补偿。可以根据已知电动势值 E 定出 E_x,这种方法叫补偿法。如果要测任一电路中两点之间的电压,只需将待测电压两端点接入即可。

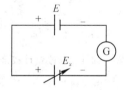

图 3.22.2　电源并联

用电压表测量电压时,总要从被测电路上分出一部分电流,从而改变了被测电路的状态;而用补偿法测电压时,补偿电路中没有电流,所以不影响被测电路的状态,这是补偿测量法最大的优点和特点。

2. 电位差计

按电压补偿原理构成的测量电动势的仪器称为电位差计。由上述补偿原理可知,采用补偿法测量未知电动势 E_x 时,对已知电动势 E_0 应有两点要求:① 可调,能使 E_0 和 E_x 补偿;② 精确,能方便而准确地读出补偿电压 E_0 的大小,且数值要稳定。

图 3.22.3 是用补偿法测电动势的原理线路,即电位差计的原理图。采用精密电阻 R_{ab} 组成分压器,再用电压稳定的电源 E 和限流电阻 R 串联后向它供电。只要 R_{cd} 和 I_0 数值精确,则 cd 之间的电压即为精确的可调补偿电压 E_0,E_0 和 E_x 组成的回路称为补偿回路。

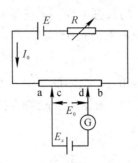

图 3.22.3　补偿法测电动势的原理线路

3. 电位差计的校准

要想使回路的工作电流等于设计时规定的标准值 I_0，必须对电位差计进行校准，方法如图 3.22.4 所示。E_s 是已知的标准电动势，根据它的大小，取 cd 间电阻为 R_{cd}，使 $R_{cd} = E_s/I_0$，将开关 S 倒向 E_s，调节 R 使检流计指针无偏转，电路达到补偿，这时 I_0 满足关系 $I_0 = E_s/R_{cd}$。由于已知的 E_s、R_{cd} 都相当准确，因此 I_0 就被精确地校准到标准值。要注意测量时 R 不可再调，否则工作电流不再等于 I_0。

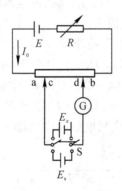

图 3.22.4　电位差计校准

4. 测量未知电动势 E_x

在图 3.22.4 中，将开关 S 倒向 E_x，保持 R 不变即 I_0 不变，只要 $E_x \leqslant I_0 R_{ab}$，调节 c、d 就一定能找到一个位置使检流计再次无偏转，这时 c、d 间的电阻为 R_x，电压为 $E_x = I_0 R_x$，因为实际的电位差计都是把电阻的数值转换成电压数值标在电位差计上，所以可由表面刻度直接读出 $E_x = I_0 R_x$ 的数值。

如果要测量任意电路中两点之间的电位差，只需将待测两点接入电路取代 E_x 即可。此时需注意，这两点中高电位的一端应替换 E_x 的正极，低电压的一端应替换 E_x 的负极。

电位差计是用补偿法测电动势的仪器，除了具有一般比较法的优点外，在通过补偿电路将未知电动势 E_x 与补偿电压 E_0 比较时，不从 E_x 取用电流，也不向 E_x 输入电流，因而待测电源可不受测量干扰而保持原态，这称为原位测量。电位差计的优点可以这样来表达：

（1）"内阻"高，不影响待测电路。用电压表测量未知电压时总要从被测电路上分出一部分电流，这就改变了被测电路的工作状态，电压表内阻越小，这种影响越显著。用电位差计测量时，补偿回路中电流为零，可测出电路被测两端的真正电压。

（2）准确度高。由于电阻 R_{ab} 可以做得很精密，标准电池的电动势精确且稳定，检流计足够灵敏，因此在补偿的条件下能提供相当准确的补偿电压，在计量工作中常用电位差计来校准电表。

值得注意的是，电位差计在测量的过程中，其工作条件会发生变化（如回路电源 E 不稳定、限流电阻 R 不稳定等），为保证电流保持规定的数值，每次测量都必须经过校准和测量两个基本步骤，两个基本步骤的间隔时间不能过长，而且每次要达到补偿都要细致地调节，因此操作繁杂、费时。

5. 学生式电位差计

学生式电位差计的内部电路如图 3.22.5 虚线内所示，电阻 R_A、R_B、R_C 相当于图 3.22.4 中的电阻 R_{ab}，可见 B_A^+ 和 R^- 两个接头相当于图 3.22.4 的 b、a 两点，E^- 和 E^+ 两个接头则相当于 c、d 两点。R_A 全电阻是 320 Ω，分 16 挡，每挡 20 Ω；R_B 全电阻是 20 Ω，分 10 挡，每挡 2 Ω；R_C 为滑线盘电阻，电阻值为 2.2 Ω。R_B 电阻在测量时会随测量挡的变化而变化，这势必引起如图 3.22.4 中 a、b 间电阻变化，破坏了工作电流 I_0 不变的规定。为此，引入所谓的替代电阻 R'_B。R_B 和 R'_B 同轴变化。当 R_B 每增加一挡电阻时，R'_B 则减少一挡电阻，反之亦然。保证 R_B 不论处于哪一挡，$R_B + R'_B = 20$ Ω 不变，确保图 3.22.4 中 a、b 间总电阻值不变。为了实施量程变换，在产生测量补偿电压支路上并联了一条分流支路。当"×1"时，流过测量补偿电压支路的电流为 5 mA，分流支路电流为 0.5 mA；当"×0.1"时，流过补偿电压支路电流为 0.5 mA，流过分流支路电流为 5 mA。显然，后者量程由于电流减少到 1/10，量程也变小 1/10。

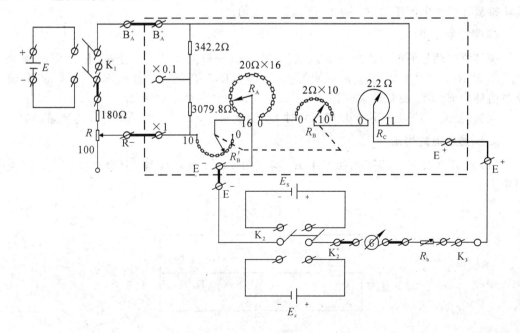

图 3.22.5 学生式电位差计内部电路

DH87-1 型学生式电位差计面板图如图 3.22.6 所示。

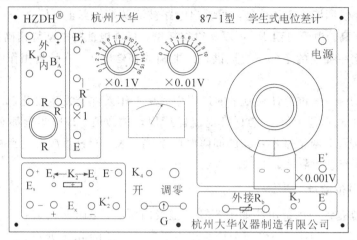

图 3.22.6　DH87-1 型学生式电位差计面板图

【实验内容及步骤】

1. 校准学生式电位差计

使用电位差计之前，先要进行校准，使电流达到规定值。先放好 R_A、R_B 和 R_C，使其电压刻度等于标准电池电动势；取掉检流计上短路线，用所附导线将 K_1、K_2、K_3、G、R、R_b 和电位差计等各相应端钮间按原理线路图进行连接。经反复检查无误后，接入工作电源 E、标准电池 E_s 和待测电动势 E_x。R_b 先取电阻箱的最大值（使用时如果检流计不稳定，可将其值调小，直到检流计稳定为止），合上 K_1、K_3，将 K_2 推向 E_s（间歇使用），并同时调节 R，使检流计无偏转（指零）。为了增加检流计灵敏度，应逐步减少 R_b。如此反复开、合 K_2，确认检流计中无电流流过时，则 I_0 已达到规定值。

2. 测量电池电动势

按待测电动势的近似值放好 R_A、R_B、R_C，R_b 先取最大值，K_2 推向 E_x，同时调 R_A、R_B、R_C 和 R_b，使检流计无偏转（在测 E_x 的步骤中 R 不能变动）。此时 R_A、R_B 和 R_C 显示的读数值即为 E_x 值。测量结束应打开 K_1、K_2、K_3。

重复"校准"与"测量"两个步骤。共对 E_x 测量三次，取 E_x 的平均值作为测量结果。

3. 测量电池的内阻

（1）打开 K_2、K_3，将图 3.22.5 中 E_x 换成图 3.22.7 所示线路，其余部分不变，R' 为电阻箱。

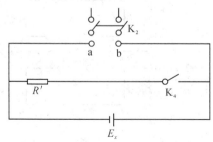

图 3.22.7　测量电池的内阻

（2）同上述测量步骤，合上 K_4 测得 R' 和两端电压 E'。

由

$$E' = E_x - Ir = E_x - \frac{E_x}{R'+r} \cdot r \qquad (3.22.1)$$

化简得

$$r = \left(\frac{E_x}{E'} - 1\right) R' \qquad (3.22.2)$$

式中：r 为电池内阻；E_x 为电池电动势；E' 为 K_4 合上时端电压；R' 为与电池并联的电阻箱阻值。

其中 R' 已知，只要分别测出当开关 K_4 打开和合上时 a、b 两端的电压 E_x 和 E'，然后代入公式即可求得电池内阻。

【实验数据记录及处理】

（1）测量电池电动势，将实验数据填入表 3.22.1 中。

表 3.22.1　电动势测量数据

次数	1	2	3
电动势 E_x/V			

（2）测量电池的内阻，将实验数据填入表 3.22.2 中。

表 3.22.2　内阻测量数据

次数	1	2	3
内阻 r/Ω			

【实验注意事项】

（1）R_b 必须先取最大值。

（2）检流计在使用完之后，两接线柱要短接放置。

【思考题】

如何运用学生式电位差计测定毫伏数量级的电压？

实验 3.23　验证霍尔效应

【实验目的】

（1）了解霍尔效应的原理及霍尔元件对材料的要求等知识。

（2）了解消除附加效应的方法。

（3）掌握确定样品导电类型、载流子浓度以及迁移率的方法。

【实验仪器】

TH-H 型霍尔效应实验组合仪。

【实验原理】

置于磁场中的载流体，如果电流方向与磁场垂直，则在垂直于电流与磁场的方向会产生一附加的横向电场，这个现象是霍普金斯大学研究生霍尔于 1879 年发现的，后来被称为霍尔效应。霍尔效应是测定半导体材料电学参数的主要手段。随着电子技术的发展,利用该效应制成的霍尔器件由于结构简单、频率响应宽(高达 10 GHz)、寿命长、可靠性高等特点,已广泛应用于非电量电测、自动化控制和信息处理等方面。在工业生产要求自动检测和控制的今天,作为敏感元件之一的霍尔器件,将有更广阔的应用前景。

1. 基本原理

霍尔效应从本质上讲是运动的带电粒子在磁场中受洛仑兹力作用而引起偏转,当带电粒子(电子或空穴)被约束在固体材料中时,这种偏转就导致在垂直于电流和磁场的方向上产生正负电荷的聚集,从而形成附加的电场 E_H。

对于图 3.23.1 所示的半导体试样,若在 x 轴方向上通过电流 I_s,在 y 轴方向上加磁场 B,则在 z 轴方向上即 A/A′ 电极两侧就开始聚集异号电荷而产生附加电场 E_H。电场的指向取决于试样的导电类型。显然,电场 E_H 阻止载流子继续向侧面偏移,当电荷所受电场力与洛仑兹力相等时,样品两侧电荷的积累达到平衡,即

$$qE_H = q\,\bar{v}B \qquad (3.23.1)$$

其中,q 为电子的电荷量,$\bar{v}$ 是载流子在电流方向的平均漂移速度。设试样的宽度为 b,厚度为 d,载流子浓度为 n,则

$$I_s = nq\,\bar{v}bd \qquad (3.23.2)$$

由式(3.23.1)、式(3.23.2)可得

$$U_H = E_H b = \frac{1}{nq}\frac{I_s B}{d} = R_H \frac{I_s B}{d} \qquad (3.23.3)$$

其中

$$R_H = \frac{1}{nq}$$

即霍尔电压 U_H 与 $I_s B$ 乘积成正比,与试样的厚度成反比。比例系数 R_H 称为霍尔系数,它是反映材料霍尔效应强弱的重要参数,只要测量出 U_H 以及知道 I_s、B 和 d,就可以计算出 R_H。

根据霍尔系数可以进一步确定以下参数:

(1) 由 R_H 的符号(即霍尔电压的正负)判断样品的导电类型。判别的方法是按照图 3.23.1 和图 3.23.2 所示的电流和磁场的方向,若测得 $U_H > 0$(即 A 的电位高于 A′ 的电位),霍尔系数为正,则样品为 P 型,反之为 N 型。

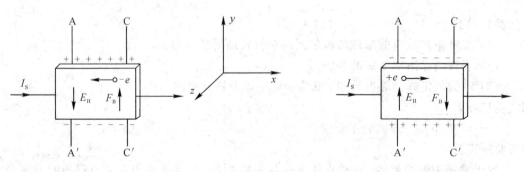

图 3.23.1　N 型试样　　　　　　　　　图 3.23.2　P 型试样

（2）由 R_{H} 求载流子浓度。由

$$R_{\mathrm{H}}=\frac{1}{nq}$$

可以得到

$$n=\frac{1}{qR_{\mathrm{H}}}$$

需要指出的是，这个关系式是在假设所有载流子都具有相同的漂移速度的条件下得到的。从半导体物理学的知识上严格来讲，考虑载流子速度的统计分布，需要引入 $3\pi/8$ 的修正因子。

（3）结合电导率的测量，求迁移率 μ。电导率 σ 与载流子浓度 n 以及迁移率 μ 之间有如下关系：

$$\sigma=ne\mu \tag{3.23.4}$$

2. 实验中的附加效应及其消除方法

在产生霍尔效应的同时，也同样伴随各种附加效应的产生，它们分别是横向温差电效应、纵向温差电效应和不等位电势差等。因此实际测量的霍尔电压还包含其他附加效应引起的附加电压。下面分别对各种附加效应进行分析。

1）横向温差电效应（爱廷豪森效应）

横向温差电效应是由于构成电流的载流子浓度不同而引起的附加效应。在霍尔效应达到平衡时，速度为 $\bar{v}$ 的载流子受到的霍尔电场力与洛仑兹力恰好抵消，而速度大于和小于 $\bar{v}$ 的载流子在霍尔电场和洛仑兹力的作用下将向不同的表面偏转，从而在 y 方向上引起温差，进而产生温差电效应，在 A 与 A′之间引入附加的电势差 U_{E}。可以判断，$U_{\mathrm{E}}\propto I_{\mathrm{S}}B$，其方向与 U_{H} 相同。

2）纵向温差电效应（能斯脱效应）

纵向温差电效应是由于样品在 x 方向上有温度梯度，x 方向两端温度不同，引起了温差电动势。在 x 方向引起温差电流 I_{N}，I_{N} 同样产生霍尔效应，影响了横向电压。一般把 I_{N} 引起的附加效应表示为 U_{N}。由于 I_{N} 的方向是固定的，因此 $U_{\mathrm{N}}\propto B$。

3）不等位电势差

如图 3.23.3 所示，由于测量霍尔电压的电极 A 与 A′的位置很难做到一个理想的等势面上，因此当 I_{S} 通过时，即使不加磁场也会产生附加电压：

$$U_{\mathrm{I}}=I_{\mathrm{S}}R_{\mathrm{A-A'}} \tag{3.23.5}$$

其中，$R_{\mathrm{A-A'}}$ 是 A 与 A′所在的两个等势面之间的电阻。可以判断，$U_{\mathrm{I}}\propto I_{\mathrm{S}}$。同样，温差电流 I_{N} 也会产生不等位电势差 $U_{I_{\mathrm{N}}}=I_{\mathrm{N}}R_{\mathrm{A-A'}}$，由于 I_{N} 的极性固定，因此 $U_{I_{\mathrm{N}}}$ 的极性也是固定的。

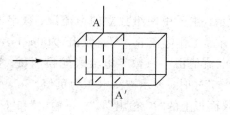

图 3.23.3　不等位电势差产生

在 I_S 和 B 的四种方向的组合下，即 $(+I_S,+B)$，$(+I_S,-B)$，$(-I_S,-B)$，$(-I_S,+B)$，测量电压 U_1、U_2、U_3、U_4，它们都是霍尔电压与附加效应的综合，可以表示为

$$U_1 = (U_H + U_E) + U_N + U_l + U_{l_N}$$
$$U_2 = -(U_H + U_E) - U_N + U_l + U_{l_N}$$
$$U_3 = (U_H + U_E) - U_N - U_l + U_{l_N}$$
$$U_4 = -(U_H + U_E) + U_N - U_l + U_{l_N}$$

当 $U_H \gg U_E$ 时，可以得到霍尔电压近似表达式：

$$U_H \approx \frac{U_1 - U_2 + U_3 - U_4}{4} \tag{3.23.6}$$

这种消除附加效应的方法称为对称测量法。通过这种方法虽然不能消除所有的附加效应，但误差不大，是一种有效的测量方法。

3. TH-H 型霍尔效应实验组合仪简介

TH-H 型霍尔效应实验组合仪由实验仪和测试仪两大部分组成。

1) 实验仪

实验仪如图 3.23.4 所示，主要由电磁铁、样品和样品架、I_S 和 I_M 换向开关、U_H 和 U_σ 测量选择开关等组成。I_M 是电磁铁的励磁电流，电磁铁系数标在电磁铁上，转换关系为

$$B = I_M G \tag{3.23.7}$$

其中 G 为励磁系数。样品材料为半导体硅晶片，有关尺寸为：厚度 $d = 0.5$ mm，宽度 $b = 4.0$ mm，A 与 C（或 A′ 与 C′）电极间距 $L = 4.0$ mm。

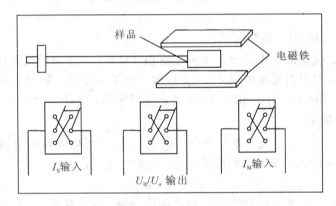

图 3.23.4 TH-H 型实验仪示意图

2) 测试仪

测试仪如图 3.23.5 所示，主要由两组独立的恒流源、数字电流表、数字电压表组成。"I_S 输出"为 $0 \sim 10$ mA 的样品工作电流源，"I_M 输出"为 $0 \sim 1$ A 的励磁电流源。两路输出电流大小均连续可调，其电流值由一只数字电流表轮换测量。数字电压表可以测量 U_H、U_σ，显示器的数字前出现"-"号时，表示被测电压为负值。

实验时需注意：测试仪面板上的"I_S 输出"，"I_M 输出"和"U_H/U_σ 输入"三对接线柱要分别与实验仪上的三对相应的接线柱正确连接。

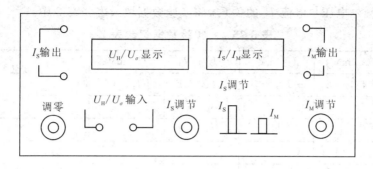

图 3.23.5　TH-H 型测试仪示意图

【实验内容及步骤】

1. 验证霍尔电压与励磁电流的关系$(U_H \propto I_M)$

(1) 将实验仪的"U_H/U_σ 输入"双刀开关倒向 U_H。

(2) 调节 I_S 至 2.00 mA，调节 I_M 分别等于 0.300 A、0.400 A、…、0.800 A，在每一值下，测量 I_S 和 B 不同方向组合下的 U_1、U_2、U_3、U_4，求出霍尔电压，验证霍尔电压与励磁电流的正比关系。

2. 验证霍尔电压与电流的关系$(U_H \propto I_S)$

调节使 $I_M = 0.700$ A，I_S 分别等于 1.00 mA、1.20 mA、…、2.00 mA，在每一值下，测量 I_S 和 B 不同方向组合下的 U_1、U_2、U_3、U_4，求出霍尔电压，验证霍尔电压与 I_S 的正比关系。

3. 测量电导率 σ

(1) 将实验仪的"U_H/U_σ 输入"双刀开关倒向 U_σ。

(2) 断开 I_M，取 $I_S = 0.15$ mA，测量 U_σ。

4. 确定样品的导电类型并求相关参数

确定样品的导电类型，并求 R_H、n、σ、μ。

【实验数据记录及处理】

(1) 验证霍尔电压与励磁电流的关系，将实验数据填入表 3.23.1 中。

表 3.23.1　实验数据记录表 1　　　　　　　　$I_S = 2.00$ mA

I_M/A	U_1/mV $+I_S, +B$	U_2/mV $+I_S, -B$	U_3/mV $-I_S, -B$	U_4/mV $-I_S, +B$	$U_H = \dfrac{U_1 - U_2 + U_3 - U_4}{4}/\text{mV}$
0.300					
0.400					
0.500					
0.600					
0.700					
0.800					

（2）验证霍尔电压与电流 I_S 的关系，将实验数据填入表 3.23.2 中。

表 3.23.2　实验数据记录表 2　　　　　$I_M = 0.700\ \text{A}$

I_S/mA	U_1/mV	U_2/mV	U_3/mV	U_4/mV	$U_H = \dfrac{U_1 - U_2 + U_3 - U_4}{4}/\text{mV}$
	$+I_S, +B$	$+I_S, -B$	$-I_S, -B$	$-I_S, +B$	
1.00					
1.20					
1.40					
1.60					
1.80					
2.00					

（3）计算霍尔片的相关参数 n、σ、μ。

【实验注意事项】

（1）仪器开机前应将 I_S、I_M 调节旋钮逆时针方向旋到底，使其输出电流趋于最小值，然后再开机。

（2）仪器接通电源后，须预热几分钟方可进行实验。

（3）霍尔片性脆易断、电极细，实验中严禁撞击、触摸霍尔片，禁止调节霍尔片位置。

【思考题】

试分析霍尔效应测磁场的误差来源。

实验 3.24　用箱式电位差计校正电表

【实验目的】

（1）了解箱式电位差计的结构、原理。

（2）学会用箱式电位差计校正电表，熟练掌握箱式电位差计的使用。

【实验仪器】

箱式电位差计、直流电源、标准电池、标准电阻、滑动变阻器、待校表、开关、导线等。

【实验原理】

电位差计的测量是根据补偿法，使被测电动势与标准电动势相比较进行测量的。前面实验中已经详细讨论过，这里不再赘述。下面主要介绍一下如何用箱式电位差计校正电表。

1. 用箱式电位差计校正电流表(mA)

用箱式电位差计校正电流表(mA)的电路如图 3.24.1 所示。被校表与标准电阻 R_0 串联，调节滑动电阻 R_1 使被校表得到不同的指示值 I_x，相应地，标准电阻 R_0 两端有不同的电压值，用电位差计将各个不同的电压值测出来，便可得到被测电流的准确值 I_S，将各个 I_S 值与相应的 I_x 值比较，得到电表各示值的误差 $\Delta I = I_x - I_S$。以 I_x 值为横轴，以指示值的误差 ΔI 为纵轴，作校正曲线，就可确定出被校表的级别。

2. 用箱式电位差计校正电压表

用箱式电位差计校正电压表的电路如图 3.24.2 所示。由于电位差计量程很小，一般不能直接与待校表测量同一电压值，因此可将两个相差较大的标准电阻 R_{10} 和 R_{20} 串联起来，电位差计只测量较小电阻 R_{10} 上两端电压，就可以计算出电压表两端电压。例如，若 $R_{20} = nR_{10}$，电位差计平衡时，读数为 U'_s，则电压表两端的电压为 $U_s = (n+1)U'_s$。对应的电压表读数作为 U_x，这样就可以校正电压表了。

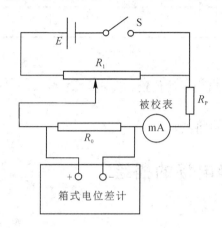 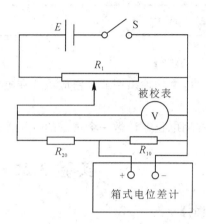

图 3.24.1　箱式电位差计校正电流表电路　　图 3.24.2　箱式电位差计校正电压表电路

【实验内容及步骤】

1. 校正电流表

（1）按图 3.24.1 所示接好电路，标准电阻 R_0 取适当值，标准电阻的两端接在电位差计的"未知"接线柱上。

（2）计算室温下电池电动势的值，校准工作电流。

（3）调节滑线电阻 R_1 的滑动触头，在被校表量程范围内均匀地从"0"开始，取 11 个电流值，用电位差计在 R_0 上分别测出这 11 个电流所对应的电压，并将这些电压值换算为对应的电流值。

（4）将所测数据填入自拟的表格内，作出校正曲线。

（5）计算被校表的实际级别。

2. 校正电压表

自己设计实验步骤和记录表格，完成实验。

【实验数据记录及处理】

（1）校正电流表（$R_0 = 30\ \Omega$），将实验数据填入表 3.24.1 中。

表 3.24.1　校正电流表实验数据

I/mA	0	5	10	15	20	25	30	35	40	45	50
U/mV											
I_s/mA											
$\Delta I/\text{mA}$											

（2）校正电压表，将实验数据填入表 3.24.2 中。

表 3.24.2   校正电压表实验数据

U_1/mV	0.1	0.2	0.3	0.4	0.5	0.6	0.7	0.8	0.9	…	1.5
U_2/mV											
U/mV											
$\Delta U/\text{mV}$											

【实验注意事项】

直流电源的输出调节旋钮应该放在电压输出为 0 的位置。

【思考题】

怎样用电位差计做一个精密的分压器，试画图说明。

实验 3.25   静电场的描绘

【实验目的】

（1）学会用模拟法测绘静电场。

（2）加深对电场强度和电位概念的理解。

【实验仪器】

静电场描绘仪、静电场描绘仪信号源（或稳压电源）、滑动变阻器、电阻箱、万用电表、坐标纸、检流计、开关等。

【实验原理】

带电体的周围存在静电场，场的分布是由电荷的分布、带电体的几何形状及周围介质所决定的。由于带电体的形状复杂，大多数情况下求不出电场分布的解析解，因此只能靠数值解法求出或用实验方法测出电场分布。直接用电压表法去测量静电场的电位分布往往是困难的，因为静电场中没有电流，磁电式电表不会偏转。另外，由于与仪器相接的探测头本身都是导体或电介质，若将其放入静电场中，探测头上会产生感应电荷或束缚电荷，而这些电荷又产生电场，与被测静电场叠加起来，会使被测电场产生显著的畸变，因此，实验时一般采用间接的测量方法（即模拟法）来解决。

1. 用稳恒电流场模拟静电场

模拟法本质上是用一种易于实现、便于测量的物理状态或过程模拟不易实现、不便测量的物理状态或过程，它要求这两种状态或过程有一一对应的两组物理量，而且这些物理量在两种状态或过程中满足数学形式基本相同的方程及边界条件。

本实验是用便于测量的稳恒电流场来模拟不便测量的静电场，因为这两种场可以用两组对应的物理量来描述，并且这两组物理量在一定条件下遵循着数学形式相同的物理规律。例如对于静电场，电场强度 E 在无源区域内满足以下积分关系：

$$\oiint_s \boldsymbol{E} \cdot \mathrm{d}\boldsymbol{S} = 0 \qquad\qquad (3.25.1)$$

$$\oint_l \boldsymbol{E} \cdot \mathrm{d}\boldsymbol{l} = 0 \tag{3.25.2}$$

对于稳恒电流场,电流密度矢量 $\boldsymbol{j}$ 在无源区域中也满足类似的积分关系:

$$\oiint_s \boldsymbol{j} \cdot \mathrm{d}\boldsymbol{S} = 0 \tag{3.25.3}$$

$$\oint_l \boldsymbol{j} \cdot \mathrm{d}\boldsymbol{l} = 0 \tag{3.25.4}$$

在边界条件相同时,二者的解是相同的。

采用稳恒电流场来模拟研究静电场时还必须注意以下使用条件:

(1) 稳恒电流场中的导电质分布必须相应于静电场中的介质分布。具体地说,如果被模拟的是真空或空气中的静电场,则要求电流场中的导电质应是均匀分布的,即导电质中各处的电阻率 ρ 必须相等;如果被模拟的静电场中的介质不是均匀分布的,则电流场中的导电质应有相应的电阻分布。

(2) 如果产生静电场的带电体表面是等位面,则产生电流场的电极表面也应是等位面。为此,可采用良导体做成电流场的电极,而用电阻率远大于电极电阻率的不良导体(如石墨粉、自来水或稀硫酸铜溶液等)充当导电质。

(3) 电流场中的电极形状及分布要与静电场中的带电导体形状及分布相似。

2. 长直同轴圆柱面电极间的电场分布

图 3.25.1 所示是长直同轴圆柱形电极的横截面。设内圆柱的半径为 a,电位为 U_a,外圆环的内半径为 b,电位为 U_b,则两极间电场中距离轴心为 r 处的电位 U_r 可表示为

$$U_r = U_a - \int_a^r E \mathrm{d}r \tag{3.25.5}$$

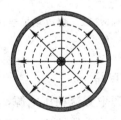

图 3.25.1 电极截面图

又根据高斯定理,圆柱内 r 点的场强为

$$E = \frac{K}{r} \quad (当\ a < r < b\ 时) \tag{3.25.6}$$

式中,K 由圆柱体上的线电荷密度决定。

将式(3.25.6)代入式(3.25.5)后,得

$$U_r = U_a - \int_a^r \frac{K}{r} \mathrm{d}r = U_a - K \ln \frac{r}{a} \tag{3.25.7}$$

在 $r = b$ 处,应有

$$U_b = U_a - K \ln \frac{b}{a}$$

所以

$$K = \frac{U_a - U_b}{\ln(b/a)} \tag{3.25.8}$$

如果取 $U_a = U_0$，$U_b = 0$，将式(3.25.8)代入式(3.25.7)，得到：

$$U_r = U_0 \frac{\ln(b/r)}{\ln(b/a)} \tag{3.25.9}$$

式(3.25.9)表明，两圆柱面间的等位面是同轴的圆柱面。用模拟法可以验证这一理论计算的结果。

3. 静电场描绘仪

如图 3.25.2 所示，右侧的双层静电场测试仪分为上下两层。上层是用来卡放描绘等势点的坐标纸的，下层的胶木上可安装电极系统；探针也分为上下两个，由手柄连接起来，两探针保证在同一铅垂线上。移动手柄时，上探针在上层坐标纸上的运动和下探针在导电纸中的运动轨迹是一样的。下探针的针尖较圆滑，靠弹簧片的作用始终保证与导电纸接触良好，上探针则较尖。实验中，移动手柄，由电压表的示数找到所要的等势点时，压下上探针，在坐标纸上扎一小孔，这样便记下了导电纸中的等电势点。

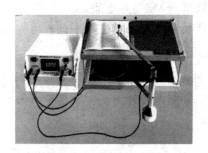

图 3.25.2　静电场描绘仪

【实验内容及步骤】

1. 按测量线路安置仪器并连接电路

按图 3.25.3 所示连接电路，电源取直流稳压电源，经滑动变阻器 R 分压为实验所需要的两电极之间的电压值。R_P 为电阻箱。为保护检流计 G，R_P 初始时取为 $0\ \Omega$，R 取值应使 U_{AC} 最小。检查两个电表的零点，若不指零，应调节零点旋钮。

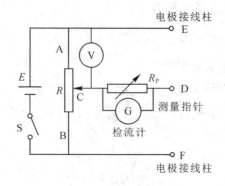

图 3.25.3　电路图

2. 测量等电位点

（1）把导电纸固定在双层静电场测绘仪的下层。

（2）按图 3.25.3 所示接好电路，内电极接正，外电接接负，将电压表的正负极分别接到内外极上，电压表及测量指针（探针）联合使用。

（3）把坐标纸放在静电场测绘仪的上层夹好，旋紧 4 个压片螺钉旋钮。在坐标纸上确定电极的位置，测量并记录内电极的外径及外电极的内径。

（4）调节静电场描绘仪信号源输出电压，使两电极间的电位差 U_0 为 6.00 V。

（5）调节 R 使电压表输出 1.00 V 电压。移动探针座使探针在导电纸上缓慢移动，当检流计指零后逐渐增大 R_P，使检流计再次指零，直到 R_P 至少为 1000 Ω，此时即为 1.00 V 等位点，按一下坐标纸上的探针，便在坐标纸上记下了其电位值与电压表的示值相等的点的位置。

（6）测量电位差为 1 V、2 V、3 V、4 V 和 5 V 的 5 条等位线，每条等位线测等位点不得少于 8 个。以每条等位线上各点到原点的平均距离 $\bar{r}$ 为半径画出等位线的同心圆簇。然后根据电场线与等位线正交原理，再画出电场线，并指出电场强度方向，得到一张完整的电场分布图。将测量值与电场分布理论值比较，做出误差分析。

【实验数据记录及处理】

（1）测出内电极半径 a、外电极半径 b 及两电极间的电位差 U_0。

（2）用圆规找到圆心，将等位点连成等位线，量出每条等势线的半径 $\bar{r}$，并填入表 3.25.1 中。

（3）根据电力线与等位线垂直的特点，画出被模拟空间的电力线。

（4）将每条等位线的平均半径代入式（3.25.9）计算出相应的电位值 U_r，然后与测量电位值（理论值）比较，计算相对误差并填入表 3.25.1 中。

表 3.25.1　实验数据记录表

等位线	第一条	第二条	第三条	第四条	第五条
U_r/V（实际）	1	2	3	4	5
$\bar{r}$/cm					
$b/\bar{r}$					
$\ln(b/\bar{r})$					
$U_r=U_0\dfrac{\ln(b/r)}{\ln(b/a)}$/V（理论）					
相对误差：$E_n=\dfrac{\lvert U_{r理}-U_{r实}\rvert}{U_{r理}}\times100\%$					

【实验注意事项】

（1）实验时探针应轻拿轻放，以免划破导电纸。

（2）电极、探针应与导线保持良好的接触，上探针应尽量与坐标纸面垂直。

（3）探针切勿触碰电极，以免损坏检流计。

【思考题】

(1) 根据测绘所得等位线和电力线的分布，分析哪些地方场强较强，哪些地方场强较弱？

(2) 从实验结果能否说明电极的电导率远大于导电介质的电导率？如不满足这个条件会出现什么现象？

(3) 在描绘同轴电缆的等位线簇时，如何正确地确定圆形等位线簇的圆心？如何正确描绘圆形等位线？

(4) 由导电微晶与记录纸的同步测量记录，能否模拟出点电荷激发的电场或同心圆球壳型带电体激发的电场？为什么？

(5) 能否用稳恒电流场模拟稳定的温度场？为什么？

(6) 如果电源电压增加一倍，等位线和电力线的形状是否发生变化？电场强度和电位分布是否发生变化？为什么？

第 4 章　综合性物理实验

实验 4.1　惯性秤测物体的惯性质量

【实验目的】

(1) 掌握用惯性秤测定物体惯性质量的原理和方法。

(2) 了解仪器的定标和使用。

(3) 研究物体的惯性质量与引力质量之间的关系。

【实验仪器】

惯性秤、周期测定仪、定标用标准质量块(10 块)、待测圆柱体(2 个)。

【实验原理】

惯性质量和引力质量是两个不同的物理概念。万有引力方程中的质量称为引力质量，它是一物体与其他物体相互吸引性质的量度，用天平称衡的物体质量就是物体的引力质量；牛顿第二定律中的质量称为惯性质量，它是物体的惯性度量，用惯性秤称衡的物体质量就是物体的惯性质量。

当惯性秤沿水平固定后，将秤台沿水平方向推开约 1 cm，手松开后，秤台及其上面的负载将左右振动。它们虽同时受重力及秤臂的弹性恢复力的作用，但重力垂直于运动方向，与物体运动的加速度无关，而决定物体加速度的只有秤臂的弹性恢复力。在秤台负载不大且秤台位移较小的情况下，实验证明可以近似地认为弹性恢复力与秤台的位移成比例，即秤台是在水平方向做简谐振动。设弹性恢复力 $F = -kx$(k 为秤臂的弹性系数，x 为秤台质心偏离平衡位置的距离)，根据牛顿第二定律，可得

$$(m_0 + m_i)\frac{\mathrm{d}^2 x}{\mathrm{d}t^2} = -kx \tag{4.1.1}$$

式中，m_0 为秤台惯性质量，m_i 为待测物惯性质量。式(4.1.1)两侧同时除以$(m_0 + m_i)$，可得

$$\frac{\mathrm{d}^2 x}{\mathrm{d}t^2} = -\frac{k}{m_0 + m_i}x \tag{4.1.2}$$

假设微分方程式(4.1.2)的解为 $x = A\cos\omega t$(设初相位为零)，其中 A 为振幅，ω 为圆频率，将其代入式(4.1.2)，可得

$$\omega^2 = \frac{k}{m_0 + m_i}$$

因为 $\omega = \dfrac{2\pi}{T}$，所以有

$$T = 2\pi\sqrt{\frac{m_0 + m_i}{k}} \tag{4.1.3}$$

设惯性秤空载周期为 T_0，加负载 m_1 时周期为 T_1，加负载 m_2 时周期为 T_2，从式 (4.1.3)可得：

$$\begin{cases} T_0^2 = \dfrac{4\pi^2}{k} m_0 \\[2mm] T_1^2 = \dfrac{4\pi^2}{k}(m_0 + m_1) \\[2mm] T_2^2 = \dfrac{4\pi^2}{k}(m_0 + m_2) \end{cases} \qquad (4.1.4)$$

从式(4.1.4)中消去 m_0 和 k，得

$$\frac{T_1^2 - T_0^2}{T_2^2 - T_0^2} = \frac{m_1}{m_2} \qquad\qquad (4.1.5)$$

式(4.1.5)表示，当 m_1 已知时，测得 T_0、T_1 和 T_2 之后便可求出 m_2。实际上不必用此式去计算，可以用图解法从 T-m_i 图线上求出未知的惯性质量。

　　先测出空秤($m_i=0$)的周期 T_0。然后将具有相同惯性质量的砝码依次增加放在秤台上，测出相应的周期为 T_1、T_2 等。用这些数据作 T-m_i 图线(如图 4.1.1 所示)。测某物体的惯性质量时，可将其置于砝码所在位置(砝码已取下)处，测出其周期 T_j，则从图线上查出 T_j 对应的质量 m_j，就是被测物的惯性质量。惯性秤必须严格水平放置，否则，重力将影响秤台的运动，所得 T-m_i 图线将不单纯是惯性质量与周期的关系。

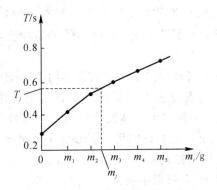

图 4.1.1　定标曲线

　　为研究重力对惯性秤运动的影响，可水平放置惯性秤，用细线将圆柱体吊在铁架上，使圆柱体位于秤台圆孔中(如图 4.1.2 所示)。当秤台振动时，带动圆柱体一起运动，圆柱体所受重力的水平分力将和秤臂的弹性恢复力一起作用于秤台。这时测得的周期要比该圆柱体直接搁在秤台圆孔上时的周期小，即振动快些。

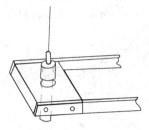

图 4.1.2　实验示意图

【实验内容及步骤】

(1) 调节惯性秤平台水平，用水平仪调节秤台水平。

(2) 对惯性秤定标，作定标曲线。用周期测定仪先测量空载（$m_i=0$）时的 10 个振动周期 T_{10}，然后逐次增加片状砝码，直到增加到 10 个，依次测量出对应的 10 个振动周期，算出每一次振动的周期。根据所测数据作 T-m_i（或 T^2-m_i）定标曲线。横坐标取为砝码的个数，纵坐标取为测量的周期。

周期的测量：打开周期测定仪开关，按下"周期数时间"键设定周期数；按下"开始测量"键开始计时；按下"复位键"，开始下一次测量。如图 4.1.3 所示，使惯性秤前端的挡光片位于光电门的正中间，用手将惯性秤前端扳开约 1 cm，松开惯性秤使之振动。每次测量都要将惯性秤扳开同样远。

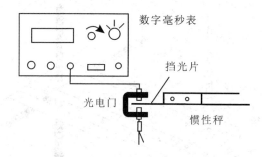

图 4.1.3　周期测量示意图

(3) 用惯性秤测量待测物质量 m_{j1} 和 m_{j2}。将待测圆柱体 1 和 2 分别置于秤台中间的孔中，测量 30 个振动周期 T_{j1} 和 T_{j2}，根据定标曲线求出 m_{j1} 和 m_{j2} 的质量。

【实验数据记录及处理】

(1) 根据实验数据绘制 T-m_i 或 T^2-m_i 定标图线。

(2) 将实验数据填入表 4.1.1 中。

表 4.1.1　实验数据记录表

参数	空载	1	2	3	4	5	6	7	8	9	10
m_i/g											
T_{10}/s											
T_i/s											
T_i^2/s											

(3) 由定标曲线求出 m_{j1}、m_{j2} 的质量，并与 m_{j1}、m_{j2} 给定质量进行比较，算出相对误差。

【实验注意事项】

(1) 要严格水平放置惯性秤，以避免重力对振动的影响。

(2) 必须使砝码和待测物的质心位于通过秤台圆孔中心的垂直线上，以保证在测量时有一固定不变的臂长。

(3) 秤台振动时，摆角要尽量小些（5°以内），秤台的水平位移约在 1～2 cm 即可，并使各次测量秤台的水平位移都相同。

【思考题】

（1）说明惯性秤称量质量的特点。

（2）在测量惯性秤周期时，为什么特别强调惯性秤装置须水平摆放及摆幅不得太大？

【拓展阅读：惯性秤】

惯性秤是测量物体惯性质量的一种装置。惯性秤不是直接比较物体的加速度，而是用振动法来比较反映物体运动加速度的振动周期，以确定物体的惯性质量的大小（如图4.1.4所示）。将秤台和固定平台用两条相同的片状钢条连接起来，固定在铁架台上就是一个惯性秤。秤台上有一圆孔，用于固定砝码或待测物，也可用于研究重力对惯性秤的影响。

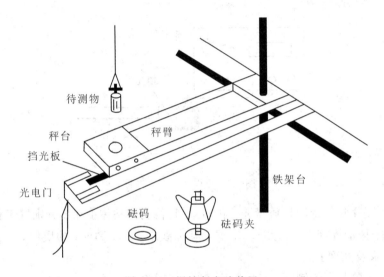

图 4.1.4　惯性秤实验装置

实验 4.2　三线摆测刚体的转动惯量

转动惯量是刚体转动惯性大小的量度，是表征刚体特性的一个物理量。转动惯量的大小除与刚体质量有关外，还与转轴的位置和质量分布（即形状、大小和密度）有关。如果刚体形状简单，且质量分布均匀，可直接计算出它绕特定轴的转动惯量。但在工程实践中，常碰到大量形状复杂，且质量分布不均匀的刚体，转动惯量的理论计算将极为复杂，通常采用实验方法来测定。

转动惯量的测量一般都是使刚体以一定的形式运动，再通过表征这种运动特征的物理量与转动惯量之间的关系进行转换测量。测量刚体转动惯量的方法有多种，三线摆法是具有较好物理思想的实验方法，它具有设备简单、直观、测试方便等优点。

【实验目的】

（1）学习用三线摆测定刚体的转动惯量。

（2）学习如何合理选择测量仪器及测量方法。

（3）学习并掌握基本测量仪器的正确使用方法。

（4）验证转动惯量的平行轴定理。

【实验仪器】

三线摆转动惯量测定仪、周期测定仪、光电门、水准仪、米尺、游标卡尺、圆环（1 个）、圆柱体（2 个）。

【实验原理】

图 4.2.1 是三线摆实验装置的示意图。上、下圆盘均处于水平，悬挂在横梁上。三个对称分布的等长悬线将两圆盘相连。上圆盘固定，下圆盘可绕中心轴 OO' 做扭摆运动。当下圆盘转动角度很小，且略去空气阻力时，扭摆的运动可近似看作简谐运动。根据能量守恒定律和刚体转动定律均可以导出物体绕中心轴 OO' 的转动惯量为

$$I_0 = \frac{m_0 g R r}{4\pi^2 H_0} T_0^2 \tag{4.2.1}$$

式中：m_0 为下圆盘的质量；r、R 分别为上、下悬点离各自圆盘中心的距离；H_0 为平衡时上、下圆盘间的垂直距离；T_0 为下圆盘做简谐运动的周期；g 为重力加速度（当地近似取 $g = 10\ \text{m/s}^2$）。

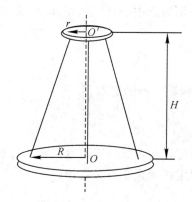

图 4.2.1　三线摆实验装置图

将质量为 m 的待测刚体放在下圆盘上，并使待测刚体的转轴与 OO' 轴重合。测出此时下圆盘的摆动周期 T_1 和上、下圆盘间的垂直距离 H。同理可求得待测刚体和下圆盘对中心转轴 OO' 的总转动惯量为

$$I_1 = \frac{(m_0 + m) g R r}{4\pi^2 H} T_1^2 \tag{4.2.2}$$

如不计因重量变化而引起悬线伸长，则有 $H \approx H_0$。那么，待测刚体绕中心轴的转动惯量为

$$I = I_1 - I_0 = \frac{g R r}{4\pi^2 H} \left[(m + m_0) T_1^2 - m_0 T_0^2 \right] \tag{4.2.3}$$

因此，通过长度、质量和时间的测量，便可求出刚体绕某轴的转动惯量。

用三线摆法还可以验证平行轴定理。若质量为 m 的物体绕通过其质心轴的转动惯量为 I_c，当转轴平行移动距离 x 时（如图 4.2.2 所示），此物体对新轴 OO' 的转动惯量为 $I_{OO'} = I_c + mx^2$。这一结论称为转动惯量的平行轴定理。

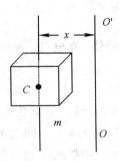

图 4.2.2　平行轴定理

实验时将质量均为 m'、形状和质量分布完全相同的两个圆柱体对称地放置在下圆盘上(下圆盘有两个对称的小孔)。按同样的方法,测出两小圆柱体和下圆盘绕中心轴 OO' 的转动周期 T_x,则可求出每个圆柱体对中心轴 OO' 的转动惯量为

$$I_x = \frac{(m_0 + 2m')gRr}{4\pi^2 H} T_x^2 - I_0 \tag{4.2.4}$$

如果测出小圆柱体中心与下圆盘中心之间的距离 x 以及小圆柱体的半径 R_x,则由平行轴定理可求得

$$I'_x = m'x^2 + \frac{1}{2}m'R_x^2 \tag{4.2.5}$$

比较 I_x 与 I'_x 的大小,可验证平行轴定理。

【实验内容及步骤】

实验内容如下:

(1)用三线摆转动惯量测定仪测定圆环对通过其质心且垂直于环面轴的转动惯量。

(2)用三线摆转动惯量测定仪验证平行轴定理。

实验步骤要点如下:

(1)调整下圆盘水平:将水准仪置于下圆盘任意两悬线之间,调整小圆盘上的三个旋钮,改变三悬线的长度,直至下圆盘水平。

(2)测出上、下圆盘三悬点之间的距离 a 和 b,然后算出悬点到中心的距离 r 和 R(等边三角形外接圆半径),用米尺测出两圆盘之间的垂直距离 H_0 和放置两小圆柱体的小孔间距 $2x$;用游标卡尺测出待测圆环的内、外直径 $2R_1$、$2R_2$ 和小圆柱体的直径 $2R_x$。

(3)测量各刚体的质量:下圆盘质量 m_0,圆环质量 m,圆柱体质量 m'。

(4)测量空盘绕中心轴 OO' 转动的运动周期 T_0:轻轻转动上圆盘,带动下盘转动,这样可以避免三线摆转动惯量测定仪在做扭摆运动时发生晃动。注意扭摆的转角控制在 5°以内。用累积放大法测出扭摆运动的周期(测量累积 30 次的时间,然后求出其运动周期)。

(5)测出待测圆环与下圆盘共同转动的周期 T_1:将待测圆环置于下圆盘上,注意使两者的中心重合,按同样的方法测出它们一起运动的周期 T_1。

(6)测出两小圆柱体(对称放置)与下圆盘共同转动的周期 T_x。

【实验数据记录及处理】

将本实验数据分别填入表 4.2.1～表 4.2.3 中。

表 4.2.1　仪器数据记录表

项目＼次数	1	2	3	平均值
上、下圆盘之间的距离 H_0/cm				
下圆盘质量 m_0/kg				
圆环质量 m/kg				
圆柱体质量 m'/kg				

表 4.2.2　长度测量数据记录表

项目＼次数	上圆盘悬孔间距 a/cm	下圆盘悬孔间距 b/cm	下圆盘直径 $2R_0$/cm	待测圆环内直径 $2R_1$/cm	待测圆环外直径 $2R_2$/cm	小圆柱体直径 $2R_x$/cm	放置小圆柱体的两小孔间距 $2x$/cm
1							
2							
3							
平均值							

表 4.2.3　累积法测周期数据记录表

	下圆盘		下圆盘加圆环		下圆盘加两小圆柱体	
摆动 20 次所需时间/s	1		1		1	
	2		2		2	
	3		3		3	
	平均值		平均值		平均值	
周期	$T_0=$　　s		$T_1=$　　s		$T_x=$　　s	

（1）根据测量结果计算转动惯量，并与理论计算值比较，求出相对误差并进行讨论。已知理想圆盘绕中心轴转动惯量的计算公式为

$$I_{理论}=\frac{1}{2}m_0R_0^2$$

（2）根据待测圆环测量结果计算转动惯量，并与理论计算值比较，求出相对误差并进行讨论。已知理想圆环绕中心轴转动惯量的计算公式为

$$I_{理论}=\frac{m}{2}(R_1^2+R_2^2)$$

（3）求出圆柱体绕自身轴的转动惯量，并与理论计算值 $I_{理论}=\frac{1}{2}m'R_0'^2$（$R_0'$ 为圆柱体的

半径)比较，验证平行轴定理。

【实验注意事项】

（1）调节下圆盘水平时，松开固定悬线的螺母后要注意控制住调节悬线长度的螺母，以防止悬线滑落。

（2）圆盘(或盘环)要在静止状态下开始启动，以防止在扭摆时出现晃动，圆盘扭摆的角度须不大于 $5°$。

（3）圆盘(或盘环)启动后可连续测完 5 次 50 个周期，不必每次重新启动。

【思考题】

如何利用三线摆测定任意形状的物体绕某轴的转动惯量？

【拓展阅读：转动惯量测量式的推导】

如图 4.2.3 所示，当下圆盘扭转振动，其转角 θ 很小时，其扭动是一个简谐振动，其运动方程为

$$\theta = \theta_0 \sin \frac{2\pi}{T_0} t \tag{4.2.6}$$

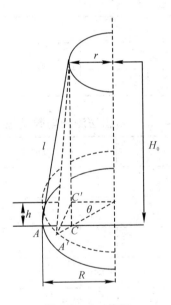

图 4.2.3　三线摆

当摆离开平衡位置最远时，其重心升高 h，根据机械能守恒定律有

$$\frac{1}{2} I \omega_0^2 = m_0 g h \tag{4.2.7}$$

即

$$I = \frac{2 m_0 g h}{\omega_0^2} \tag{4.2.8}$$

而

$$\omega = \frac{\mathrm{d}\theta}{\mathrm{d}t} = \frac{2\pi \theta_0}{T} \cos \frac{2\pi}{T} t \tag{4.2.9}$$

又

$$\omega_0 = \frac{2\pi\theta_0}{T_0} \tag{4.2.10}$$

将式(4.2.10)代入式(4.2.7)得

$$I = \frac{m_0 g h T_0^2}{2\pi^2\theta_0^2} \tag{4.2.11}$$

从图 4.2.3 的几何关系中可知 $(H_0-h)^2+R^2-2Rr\cos\theta_0 = l^2 = H_0^2+(R-r)^2$，简化得

$$H_0 h - \frac{h^2}{2} = Rr(1-\cos\theta_0)$$

略去 $\dfrac{h^2}{2}$，且取 $1-\cos\theta_0 \approx \theta_0^2/2$，则有

$$h = \frac{Rr\theta_0^2}{2H_0} \tag{4.2.12}$$

将式(4.2.12)代入式(4.2.11)得

$$I = \frac{m_0 g R r}{4\pi^2 H_0} T_0^2 \tag{4.2.13}$$

实验 4.3　复摆测重力加速度

　　单摆是一个理想化的模型，在一定的条件下，单摆的运动可以看作周期性的简谐运动，而实际上所有的摆都不是严格的单摆，特别是在摆角较大时的运动，这种摆称为物理摆，或者叫作复摆。

【实验目的】

　　(1) 研究复摆摆动周期与回转轴到重心距离之间的关系。

　　(2) 测量重力加速度。

【实验仪器】

　　复摆、光电计时装置、卷尺等。

【实验原理】

　　复摆又称为物理摆。图 4.3.1 表示一个形状不规则的刚体，挂于过 O 点的水平轴(回转轴)上，若刚体离开竖直方向转过 θ 角度后释放，则在重力力矩的作用下刚体将绕回转轴自由摆动，这就是一个复摆。当摆动的角度 θ 较小时，摆动近似为简谐振动，振动周期为

$$T = 2\pi\sqrt{\frac{I}{mgh}} \tag{4.3.1}$$

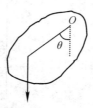

图 4.3.1　复摆模型

其中：h 为回转轴到重心 G 的距离；I 为刚体对回转轴 O 的转动惯量；m 为刚体的质量；g

是当地的重力加速度。设刚体对过重心 G，并且平行于水平的回转轴 O 的转动惯量为 I_G，根据平行轴定理可得

$$I = I_G + mh^2 \qquad (4.3.2)$$

将式(4.3.2)代入式(4.3.1)，得

$$T = 2\pi\sqrt{\frac{I_G + mh^2}{mgh}} \qquad (4.3.3)$$

由此可见，周期 T 是重心到回转轴距离 h 的函数，且当 $h \to 0$ 或 $h \to \infty$ 时，$T \to \infty$。因此，对下面的情况分别进行讨论：

(1) h 在零和无穷大之间时必存在一个使复摆对该轴周期为最小的值，可将此值叫作复摆的回转半径，用 r 表示。由式(4.3.3)和极小值条件 $\mathrm{d}T/\mathrm{d}h = 0$ 得

$$r = \sqrt{\frac{I_G}{m}} \qquad (4.3.4)$$

将 $h = r$ 代入式(4.3.3)，可得最小周期为

$$T_{\min} = 2\pi\sqrt{\frac{2r}{g}} \qquad (4.3.5)$$

(2) 在 $h = r$ 两边必存在无限对回转轴，使得复摆绕每对回转轴的摆动周期相等，这样的一对回转轴称为共轭轴。假设某一对共轭轴到重心的距离分别为 h_1、$h_2(h_1 = h_2)$，测其对应摆动周期为 T_1、T_2，将此数据分别代入式(4.3.3)，并利用 $T_1 = T_2$，得

$$I_G = mh_1 h_2 \qquad (4.3.6)$$

$$T = 2\pi\sqrt{\frac{h_1 + h_2}{g}} \qquad (4.3.7)$$

可见，实验测出复摆的摆动周期 T 及该轴的等值摆长 $h_1 + h_2$，由式(4.3.7)就可求出当地的重力加速度 g 的值。

本实验所用复摆为一均匀钢板，它上面从中心向两端对称地开一些小孔。测量时分别将复摆通过小圆孔悬挂在固定刀刃上，如图 4.3.2 所示，便可测出复摆绕不同回转轴摆动的周期以及回转轴到重心的距离，得到一组 T_1、h_1 数据，作 $T-h$ 图，如图 4.3.3 所示，可直观地反映出复摆摆动周期与回转轴到重心距离的关系。

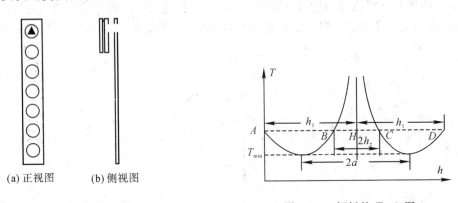

(a) 正视图　　(b) 侧视图

图 4.3.2　测量用复摆　　　　　　　图 4.3.3　钢板的 $T-h$ 图

由于钢板是均匀的，复摆上的小圆孔也是对称的，因此在摆的重心两侧测 T 随 h 的变

化也是相同的，则实验曲线必为两条，且与垂直重心的直线交于 H 点。不难看出：$AH = HD = h_1$，$BH = HC = h_2$，即 $AC = BD = h_1 + h_2$ 为等值摆长。

【实验内容及步骤】

（1）用钢卷尺测出从复摆的一端到各个悬挂点的距离 d_1，d_2，$\cdots$，d_n（要从一端而不是从两端量起）。

（2）在复摆两端分别固定一个条形挡光片，然后将复摆一端第一个小圆孔挂在固定的水平刀刃上，使其铅直。调节光电计时装置使其符合测周期的要求。

（3）测每个悬挂点的周期 T_1，T_2，$\cdots$，T_n。

【实验数据记录及处理】

（1）记录数据，并根据数据使用坐标纸作出 T-d 曲线。

（2）由图解法从图中求出任意 3 个不同周期所对应的等值摆长，据式（4.3.7）求出相应的重力加速度再求出其平均值，并与当地的重力加速度相比较，分析产生误差的原因。

【实验注意事项】

（1）开始实验时首先粗调复摆支架的微调螺丝，使上刀口基本水平。

（2）每次改变悬点都需要保证刀口与复摆摆杆的中心线重合，然后仔细调节支架底部的调节螺丝，借助铅垂线确保复摆静止时呈竖直下垂状态。

（3）调节光电门的位置，使之与遮光针的平衡位置对齐。

（4）推动复摆时动作要轻，不可振幅过大，遮光针的水平位移幅度在 4 cm 左右比较合适。如果推动复摆时复摆与刀口的接触点发生了移动，则需要重新调节。

（5）等振动稳定（建议等 15 s 左右）后再开始测量周期。

【思考题】

（1）什么是回转轴、回转半径、等值摆长？改变悬挂点时，等值摆长会改变吗？摆动周期会改变吗？

（2）式（4.3.2）成立的条件是什么？在实验操作时，怎样才能保证满足这些条件呢？

（3）如果所用复摆不是均匀的钢板，重心不在板的几何中心，对实验的结果有无影响？两实验曲线还是否对称？为什么？

实验 4.4　杨氏模量的测定（梁弯曲法）

【实验目的】

（1）学会用攸英（Ewing）装置测量长度的微小变化。

（2）用梁弯曲法测定金属的杨氏模量。

（3）研究梁的弯曲程度与梁的长度、宽度、厚度、负重等之间的关系。

【实验仪器】

攸英（Ewing）装置、砝码若干（200 g/个）、螺旋测微计、游标卡尺、百分表。

【实验原理】

材料受外力作用时必然发生形变，其内部应力（单位面积上受力大小）和应变（即相对形变）的比值称为弹性模量。弹性模量是衡量材料受力后形变大小的参数之一，是设计各种工程结构时选用材料的主要依据之一。

本实验采用弯曲法测量钢的纵向弹性模量(也称杨氏模量)。实验中涉及较多长度量的测量,应根据不同测量对象,选择不同的测量仪器,如用百分表测量梁的弛垂量。本实验采用逐差法处理数据,该方法的优点在于能充分利用多次测量的数据,减小随机误差。

攸英装置如图 4.4.1 所示,在两个支架上设置互相平行的钢制刀刃,将待测棒放在两个刀口上,在两刀刃间的中点处,挂上有刀刃的挂钩和砝码托盘,往托盘上加砝码时待测棒将被压弯,通过放在金属框上的百分表测量出棒弯曲的弛垂量。

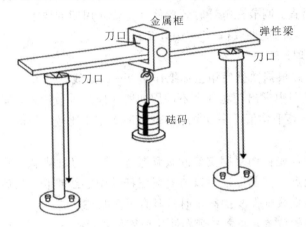

图 4.4.1　实验装置图

百分表如图 4.4.2 所示,测棒 D 缩入后,指针则指出 D 缩入的长度。百分表刻度零点的调整方法为:松开固定螺丝,旋转刻度表,将零刻度点移至指针所指的位置,再旋紧固定螺丝即可。数据读取时,外面大圈每格代表 0.01 mm,而小圈每格为 1.0 mm。图 4.4.2 中小圈指针在 3、4 之间而外圈在 31、32 之间,读数为 3.314 mm,最后一位为估读数值。

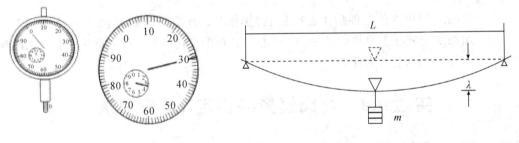

图 4.4.2　百分表　　　　　　　　　图 4.4.3　梁受压弯曲

将宽度为 a、厚度为 b 的规则矩形长梁,两端自由地放在相距为 L 的一对在同一水平面内的平行刀口上,在梁上两刀口的中点处($L/2$ 处)悬挂质量为 m 的砝码(如图 4.4.3 所示),梁受压弯曲,中点处下垂,设其弛垂量为 λ,在梁的弹性限度内,如不计梁本身的重量,则有

$$\lambda = \frac{mgL^3}{4Eab^3} \tag{4.4.1}$$

其中 E 为梁的弹性模量。由式(4.4.1)得

$$E = \frac{mgL^3}{4\lambda ab^3} \tag{4.4.2}$$

只要测出式(4.4.2)右边各有关物理量的值,就可求出 E。式(4.4.2)的详细推导如下:

图 4.4.4 所示为梁的纵断面的一部分,在相距为 dx 的 A_1、A_2 两点上的横断面,弯曲后成一小角度 $d\theta$。显然梁的上半部分为压缩状态,下半部分为拉伸状态,而中间层尽管弯曲但长度不变。

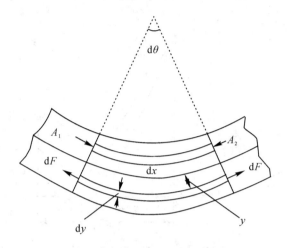

图 4.4.4　金属压缩拉伸示意图

设距中间层为 y、厚度为 dy,形变前长度为 dx 的一段,弯曲后伸长量为 $y d\theta$,它所受拉力为 dF。根据胡克定律有

$$\frac{dF}{ds} = E \frac{y\,d\theta}{dx}$$

式中 ds 表示形变层的横截面积,即 $ds = a\,dy$。于是有

$$dF = Ea\,\frac{d\theta}{dx} y\,dy$$

此力对中间层的转矩为 dM,即

$$dM = Ea\,\frac{d\theta}{dx} y^2\,dy$$

而整个横断面的转矩 M 为

$$M = 2\int_0^{\frac{b}{2}} dM = 2Ea\,\frac{d\theta}{dx} \int_0^{\frac{b}{2}} y^2\,dy = \frac{1}{12} Eb^3 a\,\frac{d\theta}{dx} \tag{4.4.3}$$

若将梁的中点 O 固定在 O 点两侧各为 $L/2$ 处,分别施以向上的力 $mg/2$(见图 4.4.5),则梁的弯曲程度应当同图 4.4.3 所示的完全一致。

梁上距中点 O 为 x、长为 dx 的一段,由弯曲而下降的 $d\lambda$ 为

$$d\lambda = \left(\frac{L}{2} - x\right) d\theta \tag{4.4.4}$$

当梁平衡时,外力 $\frac{1}{2} mg$ 在 dx 处产生的力矩应当等于由式(4.4.3)求出的 M,即

$$\frac{1}{2} mg\left(\frac{L}{2} - x\right) = \frac{1}{12} Eb^3 a\,\frac{d\theta}{dx}$$

由此式求出 $d\theta$,代入式(4.4.4)中并积分,求出弛垂量,即

$$\lambda = \frac{6mg}{Eab^3} \int_0^{\frac{L}{2}} \left(\frac{L}{2} - x\right)^2 \mathrm{d}x = \frac{mgL^3}{4Eab^3} \tag{4.4.5}$$

因此可得

$$E = \frac{mgL^3}{4\lambda ab^3}$$

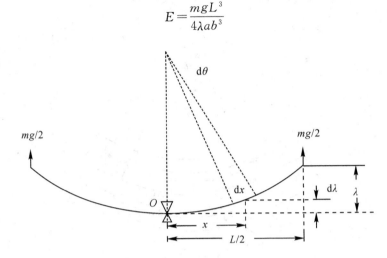

图 4.4.5　弯曲梁受力分析图

【实验内容及步骤】

(1) 将攸英(Ewing)装置放置在水平的桌面上,并调节其底座旋钮,直至其处于水平位置。

(2) 将待测金属杆放在两支座上端的刀口上,套上金属框并使刀刃刚好在仪器两刀口的中间。

(3) 将百分表安置在金属框上(具体按实验室仪器的要求),并使测棒 D 压至表中的读数为 2 mm 左右。

(4) 百分表初始读数为 n_0,在砝码盘上依次加砝码,共加 5 次,每次加砝码重为 200 g,对应的百分表读数依次为 n_1、n_2、n_3、n_4、n_5,将数据记录到表格中(见后面数据记录部分)。

(5) 按相反的次序,依次减去砝码,读出对应的百分表的读数并记录。

(6) 用相对应的长度测量工具,分别测量梁的长度 L、梁的厚度 a 和梁的宽度 b。其中 b、a 分别取不同位置测量 5 次,然后取平均值。

(7) 将所测量出的数据代入式(4.4.2),即可求出该待测梁的杨氏模量 E。为减小测量误差,除多次测量取平均值外,可用逐差法处理数据。

用分组逐差法计算,令 $\lambda = (n_i - n_0)$,有

$$n_i - n_0 = \frac{(n_3 - n_0) + (n_4 - n_1) + (n_5 - n_2)}{3}$$

此时 $m = 600$ g,所以由式(4.4.2)就可以计算杨氏模量 E,并计算误差 ΔE。其中,误差计算公式为

$$\frac{\Delta E}{E} = 3\frac{\Delta L}{L} + 3\frac{\Delta b}{b} + \frac{\Delta a}{a} + \frac{\Delta(n_i - n_0)}{n_i - n_0}$$

$$\Delta(n_i-n_0)=\frac{\Delta n_0+\Delta n_1+\Delta n_2+\Delta n_3+\Delta n_4+\Delta n_5}{3}$$

注意，不计砝码质量的误差。

【实验数据记录及处理】

（1）数据测量记录：

两刀口之间的距离 $L=$ ＿＿＿＿＿＿＿ m。

每个砝码的质量 $m=$ ＿＿＿＿＿＿＿ g。

（2）梁的厚度和宽度记录于表 4.4.1 中。

表 4.4.1　梁的厚度和宽度

物理量	1	2	3	4	5	平均值	误差
梁的厚度 a/mm							
梁的宽度 b/mm							

（3）百分表的读数记录于表 4.4.2 中。

表 4.4.2　百分表的读数　　　　　　单位：mm

物理量	n_0	n_1	n_2	n_3	n_4	n_5
加砝码						
减砝码						
加砝码						
减砝码						
平均值						
误差						

【实验注意事项】

（1）注意千分尺的零点读数。

（2）测量时要保持仪器稳定，不要晃动。

【思考题】

（1）什么情况下应用逐差法？逐差法有何优点？

（2）若该实验改用光杠杆测量 λ，你认为精度如何？

（3）在条件许可的情况下（即有多种不同规格的待测梁），分别研究 λ 与 h 和 a 的函数关系，并通过实验来验证。

实验 4.5　转动惯量的测定

物体的基本运动形式分为平动和转动两种，物体平动惯性的度量是质量，转动惯性的度量是转动惯量，转动惯量是描述物体转动特征的重要物理量之一。

【实验目的】

测量不同形状物体的转动惯量。

【实验仪器】

刚体转动实验仪、电脑多功能计时器、游标卡尺、物理天平、槽形码以及挂钩码、被测物（圆盘及圆环）、水准器等。

图 4.5.1 所示为刚体转动实验仪的示意图，图中 1 为载物台，2 为绕线轮，3 为引线，4 为滑轮，5 为砝码，载物台在砝码的重力作用下，可做匀角加速度转动。

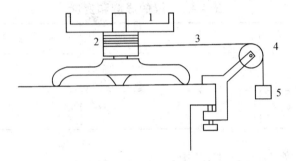

图 4.5.1　刚体转动实验仪示意图

【实验原理】

（1）根据刚体转动定律，转动系统所受合外力矩 $M_合$ 与角加速度 β 的关系为

$$M_合 = I\beta \tag{4.5.1}$$

其中，I 为该系统对回转轴的转动惯量。合外力矩 $M_合$ 主要由引线的张力矩 M 和轴承的摩擦力矩 $M_阻$ 构成，即 $M - M_阻 = I\beta$，摩擦力矩 $M_阻$ 是未知的，但是它主要来源于接触摩擦，可以认为是恒定的，因而有

$$M = M_阻 + I\beta \tag{4.5.2}$$

在此实验中，若要研究引线的张力矩 M 与角加速度 β 之间是否满足式（4.5.2）的关系，就要测不同 M 时的 β 值。

（2）关于引线张力矩 M。

设引线的张力为 F_T，绕线轴半径为 R，则

$$M = F_T R$$

又设滑轮半径为 r，其转动惯量为 $I_轮$，转动时砝码下落加速度为 a，参照图 4.5.2 可以写出：

$$mg - F_{T1} = ma \tag{4.5.3}$$

$$F_{T1}r - F_T r = I_轮 \frac{a}{r} \tag{4.5.4}$$

从式（4.5.3）和式（4.5.4）中消去 F_{T1}，同时取 $I_轮 = m'r^2/2$（m' 为滑轮质量），得出：

$$F_T = m\left[g - \left(a + \frac{1}{2}\frac{m'}{m}a\right)\right] \tag{4.5.5}$$

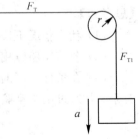

图 4.5.2　滑轮受力分析图

在此实验中，$a + \dfrac{m'}{2m}a$ 不超过重力加速度 g 的 0.3%，如果精度要求低一些，可取 $F_{\text{T}} \approx mg$，这时

$$M \approx mgR \qquad (4.5.6)$$

在实验中是通过改变砝码来改变 M 的。

(3) 角加速度 β 的测量。

如图 4.5.3(a) 所示，在回转台上加挡光片，附近固定一光电门，另设一控制起始位置的挡板 K。在保持起始状态不变的条件下，测量从光电门开始的第 1 圈时间 t_1，再测 4 圈的累计时间 t_4。一般数字毫秒计用挡光只能测一圈的时间，为了测出 4 圈的累计时间，就要使第 1、2、3 圈末的挡光失效。为此，光电管并联一个开关 S'(图 4.5.3(b))，开始测量前 S'断开，在第一次挡光后将 S'闭合，当转过 3 圈后立即将 S'断开，就可测出 4 圈的累计时间。

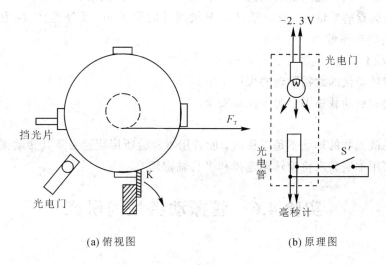

(a) 俯视图   (b) 原理图

图 4.5.3 刚体转动惯量实验台细节图

第 1 圈的平均角速度为 $2\pi/t_1$，应等于时刻 $t_1/2$ 时的即时角速度；前 4 圈的平均角速度为 $8\pi/t_4$，应等于时刻 $t_4/2$ 时的即时角速度，则 β 为

$$\beta = \frac{\dfrac{8\pi}{t_4} - \dfrac{2\pi}{t_1}}{\dfrac{t_4}{2} - \dfrac{t_1}{2}} = 4\pi \frac{\dfrac{4}{t_4} - \dfrac{1}{t_1}}{t_4 - t_1} \qquad (4.5.7)$$

(4) 转动惯量的计算。

测量 4 个不同 M 时的 β 值，作 M-β 图线，这将是一条直线，它的斜率就是刚体的转动惯量 I，而纵轴截距则是摩擦阻力矩 $M_{阻}$。

【实验内容及步骤】

(1) 用水准器将载物台调成水平；测绕线轴直径 d；测空台转动惯量 I_0。

(2) 加质量为 m 的砝码，测量相应的角加速度 β，改变砝码再测 β，共改变 4 次，计算空台转动惯量 I_0。

(3) 测圆盘转动惯量 I_1：将被测物圆盘置于载物台上，分 4 次加不同质量的砝码，测

量相应的 β；计算其转动惯量，设为 I'，则圆盘对中心轴的转动惯量 I_1 为

$$I_1 = I' - I_0 \tag{4.5.8}$$

（4）测圆环转动惯量 I_2：方法同上，测量圆盘的质量及直径 d_1，测量圆环质量 m_2 及外直径 d_{21} 和内直径 d_{22}，可用式（4.5.9）和式（4.5.10）求出它们的转动惯量：

$$I_1 = \frac{1}{8}m_1 d_1^2 \tag{4.5.9}$$

$$I_2 = \frac{2}{8}m_2(d_{21}^2 + d_{22}^2) \tag{4.5.10}$$

【实验数据记录及处理】

（1）记录绕线轴直径 d，并计算空台转动惯量 I_0。

（2）记录加不同质量的砝码后相应的角加速度 β，并计算空台转动惯量 I_0。

（3）记录加 4 次不同质量的砝码时相应的 β，并计算圆盘的转动惯量 I_1。

（4）记录圆盘的质量 m_1 及直径 d_1，测量圆环的质量 m_2 及外直径 d_{21} 和内直径 d_{22}，并计算圆环的转动惯量 I_2。

【实验注意事项】

（1）刚体转动仪的载物平台要保持水平。

（2）绕线和制动载物平台时须注意安全。

【思考题】

（1）如果被测物的形状不是对称的，能否用本实验所用装置去测其转动惯量？

（2）如何用本实验来检验转动定律和平行轴定理？

实验 4.6　弦振动特性的研究

【实验目的】

（1）观察弦振动时形成的驻波。

（2）用两种方法测量弦线上横波的传播速度，比较两种方法测得的结果。

（3）验证弦振动的波长与张力的关系。

【实验仪器】

电振音叉（约 100 Hz）、弦线分析天平、滑轮、砝码、低压电源、米尺。

【实验原理】

如图 4.6.1 所示，将细弦线的一端固定在电振音叉上，另一端绕过滑轮挂上砝码。当音叉振动时，强迫弦线振动（弦线振动频率应当与音叉的频率 f 相等），形成向滑轮端前进的横波，在滑轮处反射后沿相反方向传播。在音叉与滑轮间往反传播的横波叠加形成一定的驻波，适当调节砝码重量或弦长（音叉端到滑轮轴间的线长），在弦上将出现稳定的、强烈的振动，即弦与音叉共振。弦共振时，驻波的振幅最大，音叉端为稍许振动的节点（非共振时，音叉端不是驻波的节点），若此时弦上有 n 个半波区，则波长 $\lambda = 2l/n$（l 为弦线长度），弦上的波速 v 为

$$v = f\lambda \qquad 或 \qquad v = f\frac{2l}{n} \tag{4.6.1}$$

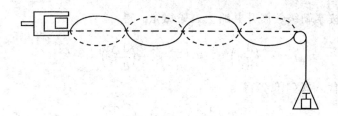

图 4.6.1　弦线振动示意图

若横波在张紧的弦线上沿 x 轴正方向传播,取 $AB=\mathrm{d}s$ 的微元段加以讨论,如图4.6.2所示。设弦线的线密度(即单位长的线的质量)为 ρ,则此微元段弦线 $\mathrm{d}s$ 的质量为 $\rho\mathrm{d}s$。在 A、B 处受到左右邻段的张力分别为 T_1、T_2,其方向为沿弦的切线方向,与 x 轴交成 α_1、α_2 角。

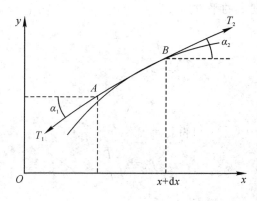

图 4.6.2　微元段

由于弦线上传播的横波在 x 方向无振动,因此作用在微元段 $\mathrm{d}s$ 上的张力的 x 分量应该为零,即

$$T_2\cos\alpha_2 - T_1\cos\alpha_1 = 0 \tag{4.6.2}$$

又根据牛顿第二定律,在 y 方向微元段的运动方程为

$$T_2\sin\alpha_2 - T_1\sin\alpha_1 = \rho\mathrm{d}s\frac{\mathrm{d}^2 y}{\mathrm{d}t^2} \tag{4.6.3}$$

对于小的振动,可取 $\mathrm{d}s\approx\mathrm{d}x$,而 α_1、α_2 都很小,所以有

$$\cos\alpha_1\approx 1,\ \cos\alpha_2\approx 1,\ \sin\alpha_1\approx\tan\alpha_1,\ \sin\alpha_2\approx\tan\alpha_2$$

又从导数的几何意义可知:

$$\tan\alpha_1 = \left(\frac{\mathrm{d}y}{\mathrm{d}x}\right)_x,\ \tan\alpha_2 = \left(\frac{\mathrm{d}y}{\mathrm{d}x}\right)_{x+\mathrm{d}x}$$

式(4.6.2)将成为

$$T_2 - T_1 = 0$$

即 $T_2=T_1=T$ 表示张力不随时间和地点而变,为一定值。

式(4.6.3)将成为

$$T\left(\frac{\mathrm{d}y}{\mathrm{d}x}\right)_{x+\mathrm{d}x} - T\left(\frac{\mathrm{d}y}{\mathrm{d}x}\right)_x = \rho\mathrm{d}s\frac{\mathrm{d}^2 y}{\mathrm{d}t^2} \tag{4.6.4}$$

将 $\left(\dfrac{\mathrm{d}y}{\mathrm{d}x}\right)_{x+\mathrm{d}x}$ 按泰勒级数展开并略去二阶微量,得

$$\left(\frac{\mathrm{d}y}{\mathrm{d}x}\right)_{x+\mathrm{d}x}=\left(\frac{\mathrm{d}y}{\mathrm{d}x}\right)_{x}+\left(\frac{\mathrm{d}^{2}y}{\mathrm{d}x^{2}}\right)_{x}\mathrm{d}x \tag{4.6.5}$$

将式(4.6.5)代入式(4.6.4)得

$$T\left(\frac{\mathrm{d}^{2}y}{\mathrm{d}x^{2}}\right)_{x}\mathrm{d}x=\rho\mathrm{d}x\frac{\mathrm{d}^{2}y}{\mathrm{d}t^{2}}$$

即

$$\frac{\mathrm{d}^{2}y}{\mathrm{d}t^{2}}=\frac{T}{\rho}\frac{\mathrm{d}^{2}y}{\mathrm{d}x^{2}} \tag{4.6.6}$$

将式(4.6.6)与简谐波的波动方程 $\dfrac{\mathrm{d}^{2}y}{\mathrm{d}t^{2}}=v^{2}\dfrac{\mathrm{d}^{2}y}{\mathrm{d}x^{2}}$ 相比较可知:在线密度为 ρ、张力为 T 的弦线上,横波传播速度 v 的平方为

$$v^{2}=\frac{T}{\rho}$$

即

$$v=\sqrt{\frac{T}{\rho}} \tag{4.6.7}$$

将式(4.6.1)代入式(4.6.7),可得

$$f\lambda=\sqrt{\frac{T}{\rho}}$$

即

$$\lambda=\frac{1}{f}\sqrt{\frac{T}{\rho}} \tag{4.6.8}$$

也可得

$$f=\frac{n}{2l}\sqrt{\frac{T}{\rho}} \tag{4.6.9}$$

式(4.6.8)表明,以一定频率 f 振动的弦,其波长 λ 将因张力 T 或线密度 ρ 的变化而变化。

式(4.6.9)又表示明,对于弦长 l、张力 T、线密度 ρ 一定的弦,其自由振动的频率不只一个,而是包括相当于 $n=1$,2,3,…的多种频率 f_{1},f_{2},f_{3},…。$n=1$ 对应的频率称为基频,$n=2$、3 对应的频率分别称为第一、第二谐频,但基频较其他谐频强得多,因此它决定弦的频率,而各谐频则决定弦的音色。振动体有一个基频和多个谐频的规律不只在弦线上存在,而是普遍的现象。对于基频相同的各振动体,由于各谐频的能量分布可以不同,因此音色不同。例如具有同一基频的弦线和音叉,虽然它们的音调是相同的,但听起来声音不同,就是这个道理。

当弦线在频率为 γ 的音叉策动下振动时,适当改变 T、l 和 ρ,则可能和强迫力发生共振的不一定是基频,而可能是第一、第二、第三或其他谐频,这时弦上出现 2、3、4 个或其他对应数量的半波区。

【实验内容及步骤】

1. 测量弦的线密度

取长度为 2 m 且和所用弦线为同一材质的线，在分析天平上称其质量 m，求出线密度 ρ。

2. 观察弦上的驻波

已知音叉频率 f（一般为 100 Hz）和线密度 ρ，弦长为 20～30 cm。若弦的基频与音叉共振，求弦的张力 T。

参照上述计算的 T 值，选适当的砝码挂在弦上（弦长在 130 cm 左右），给电振音叉的线圈上通以 50 Hz、1～2 V 的交流电，使音叉做受迫振动，进行以下观测：

（1）使弦长从 20 cm 左右开始逐渐增加，在 $n=1$、2、3、4 等情况下，当弦共振时，分别测出弦长 l 并算出波长 λ。

（2）当弦长 l 大于 $n=1$ 共振时的弦长且小于 $n=2$ 共振时的弦长时，测出波长 λ，并和第（1）步的测量相比（注意，此时音叉端不是弦的节点）。

3. 弦上横波的波长与张力的关系

增加砝码的质量，再细调弦长使出现共振，测出弦长 l，算出波长 λ。重复测量取平均值。T 值改变 6～8 次。

式（4.6.8）两侧取对数，整理后可得

$$\ln\lambda = \ln\left(\frac{1}{v\sqrt{\rho}}\right) + \frac{1}{2}\ln T$$

即 $\ln\lambda$ 与 $\ln T$ 间是线性关系。利用测量值，作 $\ln\lambda - \ln T$ 图线，求出图线的纵轴截距和斜率，将截距和 $\ln\left(\dfrac{1}{v\sqrt{\rho}}\right)$ 相比较，斜率和 1/2 相比较，说明其差异是否过大。

4. 比较两种波速的计算值

从以上测量中选取合适的数据，代入式（4.6.1）中，计算出理论上应当相等的两个速度值，说明其差异是否显著？

从测量记录中选一组数据代入式（4.6.9），计算出弦振动的频率，说明它与已知音叉频率的差异是否显著。

【实验数据记录及处理】

（1）测量弦的线密度，记录于表 4.6.1 中。

表 4.6.1　测量弦的线密度

次数	1	2	3	4	5
m/g					
l/cm					

（2）观察弦上的驻波，已知频率为 $f=102.8$ Hz。

【实验注意事项】

（1）测量时，要等挂在弦线上的砝码稳定后再开始测量。

（2）等形成的驻波稳定后再开始记录数据。

【思考题】

（1）形成相干波的条件是什么？

（2）驻波节点间距与波长的关系是怎样的？

实验 4.7　用电热法测定热功当量

【实验目的】

（1）学会用电热法测定热功当量。

（2）进一步加深对热功当量物理意义的理解。

【实验仪器】

量热器、温度计、稳压电源、直流电流表、直流电压表、滑动变阻器、秒表、物理天平。

【实验原理】

1. 热功当量

焦耳热功当量实验是证明能量转化与守恒定律的基础性实验，焦耳花费了将近 40 年的时间做了无数次的实验，证明了做功和传热一样，是能量传递的一种形式，热功当量是一个普适常量，与做功的方式无关，从而为能量转化与守恒定律的确立奠定了扎实的实验基础。功可以转化为热量，热量也可以转化为功，它们是能量转化的两种形式，功的单位常用焦耳（J），热量的单位常用卡（cal），以卡为单位的热量 Q 与以焦耳为单位的功 W 之间的转换关系叫作热功当量，即

$$J = \frac{W}{Q} \ (\text{J/cal})$$

热功当量的测量方法很多，电热法是常用的一种。通电加热电阻丝，从而使浸没电阻丝的水得到加热，温度升高。若设法求出供给电阻丝的电功 W 和物体升高温度所需要的热量 Q，即可计算热功当量，实验装置如图 4.7.1 所示。

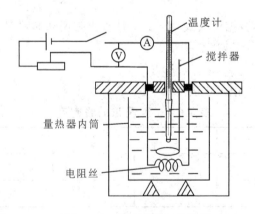

图 4.7.1　热功当量实验装置

2. 功和热量的计算

如图 4.7.1 所示，设量热器内筒和搅拌器、电阻丝、接线柱的总质量为 m（由同种材料

制成)，内盛质量为 M 的液体，初温为 t_1。当对电阻丝通电 t 秒后，液体末温为 t_2。设通电时电流表、电压表示数分别为 I 和 U，则通电时间内电流做的功为

$$W = IUt \tag{4.7.1}$$

量热器内筒(含搅拌器)、加热装置及液体吸收的热量为

$$Q = (c_1 m + c_2 M)(t_2 - t_1) \tag{4.7.2}$$

设热功当量为 J，因为 $J = W/Q$，所以有

$$J = \frac{IUt}{(c_1 m + c_2 M)(t_2 - t_1)} \tag{4.7.3}$$

其中，I、U、t、m、M、t_1、t_2 均可由实验测得。

【实验内容及步骤】

(1) 用物理天平称量量热器内筒及搅拌器、电阻丝、接线柱的总质量 m。

(2) 向量热器内筒注入水，水的体积占内筒容积的 4/5 左右。用天平称出筒和水的总质量 $m_总$，则 $M = m_总 - m$。

(3) 将量热器内筒放入外筒，电阻丝、搅拌器放入水中，盖上盖子，按图 4.7.1 所示连好电路。读出量热器系统初温 t_1 和室温，并记录。

(4) 将电源电压输出选择旋钮拨至 10 V 挡或 12 V 挡，闭合开关同时启动秒表计时，并迅速调节变阻器使电流在 1.5～2 A 左右。以后要随时观察电流表和调整变阻器，使电流值保持稳定。通电过程中，不断轻微搅拌水，以加速热传导。读出电流表和电压表的示数并记录。

(5) 当温度计示数高于室温 10～15℃时，断开开关，并同时停止计时。继续搅拌水并观察温度计示数，当其示数最高时读出温度 t_2，同时记录通电时间 t。

(6) 利用式(4.7.1)、式(4.7.2)、式(4.7.3)和实验数据求出热功当量，与标准值 $J = 4.1840$ J/cal 比较，求出百分误差。

【实验数据记录及处理】

将实验测量数据填入表 4.7.1 中。

表 4.7.1　实验数据记录表

被测量 测量次数	U/V	I/A	t/s	m/kg	$M = m_总 - m/kg$	$t_1/℃$	$t_2/℃$
1							
2							
3							
4							
5							

实验理论参数：水的比热容 c_1 为 4.173×10^3 J/(kg·℃)；黄铜的比热容 c_2 为 0.378×10^3 J/(kg·℃)。

【实验注意事项】

(1) 若实验前能将盛有水的量热器内筒置于冰上几分钟，使水的初温低于室温 5～10℃，则可以减小因量热器与外界的热交换而产生的实验误差(但在放入外筒前要擦干

内筒外侧的水）。

（2）若用水做实验，水应清洁，不含酸、碱、盐，否则不易保持电流稳定。用煤油做实验则不存在这种问题，且煤油比热较小，电流可相应小一些。

（3）电阻丝未放入液体之前，不应通电，以免损坏电阻丝。

（4）加热不可太快，搅拌必须充分，使系统温度分布均匀，不能让水溅出。

（5）适当控制升温速度和测量时间，一般升温不超过室温 15℃，测量时间在 20 min 以内。

（6）插入温度计时不要太靠近电阻丝。

（7）量热器、搅拌器和电阻丝切勿短路，操作者应避免接触量热器。

【思考题】

（1）为什么实验中不能在断开开关时同时读出末温 t_2？

（2）如果水的初温为室温，则实际测量的 J 值常常比标准值大，主要原因是什么？

（3）实验中，下列因素给测量结果造成什么影响？

（a）接线柱有部分露出；（b）水的蒸发与溅出；（c）温度计插入太深；（d）环境温度升高。

实验 4.8　圆柱转动法测定液体的黏滞系数

【实验目的】

（1）利用内摩擦定律测定液体（蓖麻油或机油）的黏滞系数。

（2）熟悉圆柱转动黏度计的使用方法。

【实验仪器】

圆柱转动黏度计、游标卡尺、刻度尺、停表、待测液体（蓖麻油或机油）、温度计、砝码（2 g、3 g、4 g 各一个）。

圆柱转动黏度计的结构如图 4.8.1 所示，在内半径为 R_2 的圆柱形容器内，装一半径为 R_1 的圆柱体 A，A 可绕内外圆柱的中心轴线旋转。为了减少旋转摩擦阻力，内圆柱体 A 两端用轴承支承，在 A 上端装有圆轮，用细线密绕圆轮，通过滑轮 D 挂上砝码盘。

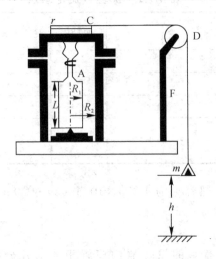

图 4.8.1　圆柱转动黏度计的结构

【实验原理】

在液体中，当液层之间有相对运动时，运动快的液层对运动较慢的液层施加一拉力，而后者对前者施加一阻力，这种力称为内摩擦力，也称为黏滞力。黏滞力的方向沿液层切面，大小由黏滞定律确定。

1. 黏滞定律与黏滞系数

实验证明，液体的黏滞力 f 的大小与它分布的面积成正比，即

$$f = \eta S \frac{\mathrm{d}v}{\mathrm{d}r} \tag{4.8.1}$$

这就是黏滞定律。式中：S 为 f 的分布面积；$\frac{\mathrm{d}v}{\mathrm{d}r}$ 为两流层间的速度梯度，即沿筒的半径方向（与速度 v 的方向垂直）的速度变化率；η 为该液体的黏滞系数。

从式（4.8.1）看，黏滞系数 η 在数学上只是一个比例系数，但在物理上具有实际意义。黏滞系数的大小不仅由液体的性质决定，同时也与液体的温度、压强有关。在国际单位制中，它的单位是帕斯卡·秒（Pa·s）。

表 4.8.1 和表 4.8.2 分别列出了蓖麻油及几种气体、液体的黏滞系数在不同温度下的测量数据，供大家参考。

表 4.8.1　蓖麻油的黏滞系数与相应的温度值

温度/℃	5	10	15	20	25	30	35
η/(Pa·s)	3.760	2.418	1.514	0.950	0.621	0.451	0.312

表 4.8.2　几种气体、液体的黏滞系数

物质（温度）	空气（20℃）	氧气（0℃）	水蒸气（0℃）	水（0℃）	水银（0℃）	50%甘油水溶液(0℃)
η/(Pa·s)	1.8192×10^{-5}	1.93×10^{-5}	9.04×10^{-6}	1.793×10^{-3}	1.68×10^{-3}	1.46×10^{-2}

2. 黏滞系数的测定

本实验采用旋转圆筒法测定液体的黏滞系数。如图 4.8.1 所示，在两筒之间装入待测液体，当内圆柱匀速旋转时，两筒间的液体也被带动旋转。当运动达到稳定状态时，液体的每一圆筒层以等角速度旋转。液体圆筒层旋转的角速度将由紧贴内筒处的 ω_0 逐渐减小到紧贴外筒处的零。由于液体运动时存在着黏滞力矩，当运动稳定时，外加转动力矩等于液体黏滞力矩。

设内筒外半径为 R_1，外筒内半径为 R_2，内筒长度为 L，内筒轴上固定的绕线轮半径为 H，则在距内筒轴心为 r 处的液体黏滞力矩 M 为

$$M = \eta \cdot S \cdot r \frac{\mathrm{d}v}{\mathrm{d}r} \tag{4.8.2}$$

式中：η 为液体黏滞系数；S 为液体在 r 处的圆筒层面积，$S = 2\pi rL$；$\frac{\mathrm{d}v}{\mathrm{d}r}$ 为液体运动时的速

度梯度，$v=r\cdot\omega$。所以有

$$M=2\pi r^3\eta L\frac{\mathrm{d}\omega}{\mathrm{d}r} \tag{4.8.3}$$

若外加力矩为 M'，则

$$M'=mgH \tag{4.8.4}$$

式中：m 为码钩与槽码的质量；g 为重力加速度。

当运动稳恒时，有

$$M=M'$$

则得

$$2\pi\eta L\,\mathrm{d}\omega=mgH\frac{\mathrm{d}r}{r^3} \tag{4.8.5}$$

式(4.8.5)两边积分，整理后为

$$\frac{4\pi L\eta\omega_0 R_1^2 R_2^2}{R_2^2-R_1^2}=mgH \tag{4.8.6}$$

将 $\omega_0=2\pi n$（n 为绕线轮的转速）代入得黏滞系数为

$$\eta=\frac{(R_2^2-R_1^2)}{8\pi^2 R_1^2 R_2^2}\cdot\frac{m}{nH} \tag{4.8.7}$$

注：式(4.8.7)未考虑内筒上下端的黏滞性及液体温度的影响。

【实验内容及步骤】

(1) 用游标卡尺测出内筒外半径 R_1、外筒内半径 R_2、内筒长 L、绕线轮半径 H，分别在不同部位测 5 次。

(2) 将挂有码钩与槽码的细线经过滑轮均匀地绕在小轮上，按下止动插销将内筒固定，并记录码钩与槽码的质量 m。

(3) 在内外筒间装入待测液体，直至将内筒全部浸埋在液体中。

(4) 释放内筒，在码钩与槽码(2 g)的作用下内筒开始转动，待转动约 3～4 圈后，内筒达到匀速转动时，开始用秒表计时，测定内筒转动 N 圈所需时间 t_1（一般采用 $N=10$），算出单位时间内筒的转数 n。

(5) 步骤(4)重复测量 5 次。

(6) 改变 m，在砝码盘上加 3 g、4 g 的砝码，按步骤(5)测出相应的时间 t_2。

(7) 测出液体的温度 T。

(8) 根据测量数据，计算该液体的黏滞系数 η。

【实验数据记录及处理】

将实验数据填入表 4.8.3 中。

表 4.8.3　实验数据记录表

被测量　　　　测量次数	R_1/m	R_2/m	H/m	L/m	t_1/s	t_2/s
1						
2						

被测量 测量次数	R_1/m	R_2/m	H/m	L/m	t_1/s	t_2/s
3						
4						
5						
平均值						

根据测量数据计算内摩擦系数(黏滞系数)η 的平均值及不确定度 $\Delta\eta$，将测量结果表示为 $\eta = \bar{\eta} \pm \Delta\eta$。对得到的测量结果进行评价，找出产生误差的原因。

【实验注意事项】

（1）正确安装仪器，反复摸索，观察环状间隙是否均匀、圆柱体转动是否灵活。注意滑轮的取向，使绕线轮与滑轮间的一段线绳保持水平。

（2）每次测量后要稍停片刻，让液体温度自然下降。

（3）合理选择计时起点，一定要让系统进入匀速状态后再开始计时，所以加不同的砝码时，计时起点可以作相应变动。

【思考题】

测量时应注意哪些因素？

实验 4.9　用拉脱法测液体表面张力系数

【实验目的】

（1）了解液体表面的性质。

（2）熟悉拉脱法测量液体表面张力系数的方法。

（3）掌握用焦利弹簧秤测微小力的方法。

【实验仪器】

焦利弹簧(秤)、金属丝框、砝码、烧杯、游标卡尺。

【实验原理】

液体表面有一层张紧的弹性薄膜，这层弹性薄膜有收缩的趋势，所以液体总是趋于球形。若从中心将膜刺破，由于膜的收缩，边界线被拉成圆形，这说明液体表面内有一种张力，存在于极薄的表面层内，而不是由于弹性形变引起的，此力被称为表面张力。

设想在液体表面有一长为 L 的金属丝框，则张力作用表现在线段两侧，与液面以一定的弹力相互作用，而且力的方向恒与丝框垂直，其大小与丝框长 L 成正比，即 $f = \alpha L$，其中 α 为液体表面张力系数，单位为 N/m。实验证明，不同的液体具有不同的 α 值，且 α 的大小与液体的温度有关。

【实验内容及步骤】

1. 测量弹簧的弹性系数

（1）在焦利秤上挂好弹簧、小镜子及砝码盘，调节焦利秤三角底座上的螺钉，使小镜子铅直，然后转动旋钮 G，使玻璃上的刻度线、镜子中的刻度线、玻璃上反射到镜子中的线三线对齐，记录游标零线指示的米尺上的读数 L_0。

（2）依次将砝码加在砝码盘内，逐次增加为 0.5 g、1.0 g、…、4.5 g。每次增加需扭动旋钮 G，使三线对齐，记录游标零线指示的米尺上的读数，记为 L_1、L_2、…、L_9。

（3）然后依次减去 0.5 g、1.0 g、…、4.5 g 的砝码，记录相应的读数，用逐差法求弹簧的弹性系数 k 及其平均值 $\bar{k}$。

2. 测量液体表面张力系数

（1）记录金属丝框浸入水面前游标零线指示的读数。

（2）测量在液体表面张力作用下弹簧的伸长量。将盛有多半杯肥皂水的烧杯置于平台上，调节平台下端的螺丝，使金属丝框完全浸入水中，然后缓慢转动使平台下降，直至金属丝框横臂与液面等齐，然后向上缓缓旋动旋钮 G，使三线对齐，记录此时游标零线指示的读数 l_0。缓慢移动旋钮 G，使金属丝框慢慢上移，在液体表面张力的作用下，金属丝框内的薄膜逐渐增大，直至金属丝框恰好跳离液面，记录此时游标零线的指示读数 l。

（3）重复上述步骤 3 次，并求出平均值 $\bar{l}_0$ 和 $\bar{l}$。

（4）测量实验前的水温，以平均值作为水的温度，于是在该温度下有

$$\bar{f}=\bar{k}(\bar{l}-\bar{l}_0)=\bar{\alpha}\bar{l}$$

所以

$$\alpha=\frac{\bar{k}(\bar{l}-\bar{l}_0)}{\bar{l}}$$

（5）计算表面张力系数及其不确定度，并表示出测量结果。

【实验数据记录及处理】

（1）测量弹簧的弹性系数，将实验数据填入表 4.9.1 中。

表 4.9.1　弹簧的弹性系数测量数据

	0	0.5 g	1.0 g	1.5 g	2.0 g	2.5 g	3.0 g	3.5 g	4.0 g	4.5 g
L_i										
L_i'										

（2）测量液体表面张力系数，将实验数据填入表 4.9.2 中。

表 4.9.2　液体表面张力系数测量数据

	1	2	3	4
l_0				
l				

【实验注意事项】

（1）实验时要注意保护弹簧，使其不受折损，不要随意拉长弹簧或在弹簧上挂重物。

（2）测量液体表面张力系数时，动作要慢，还要防止仪器受震动。

【思考题】

(1) 试分析实验中产生误差的主要因素。

(1) 实验时应该注意哪些问题？

实验 4.10 气体比热容比的测定

【实验目的】

(1) 测定空气分子的定压比热容与定容比热容之比。

(2) 通过观察热力学现象，掌握测定空气分子的定压比热容与定容比热容之比的原理和方法。

【实验仪器】

DH4602 气体比热容比测定仪、螺旋测微计、物理天平。

【实验原理】

在热力学过程特别是绝热过程中，气体的定压比热容 C_P 与定容比热容 C_V 之比 $\gamma = C_P/C_V$ 是一个很重要的参数，测定的方法有多种。这里介绍一种较新颖的方法，通过测定物体在特定容器中的振动周期来计算 γ 值。实验基本装置如图 4.10.1 所示，振动小球（钢球 A）的直径比玻璃管 B 的直径仅小 $0.01 \sim 0.02$ mm，它能在此精密的玻璃管中上下移动，在瓶子的壁上有一小口 C，并插入一根细管，各种气体可以通过它注入烧瓶中。

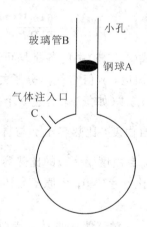

图 4.10.1 实验基本装置

钢球 A 的质量为 m，半径为 r（直径为 d），当瓶子内的压力 P 满足一定条件时，钢球 A 处于力平衡状态，这时有

$$P = P_L + \frac{mg}{\pi r^2}$$

式中 P_L 为大气压强。为了补偿由于空气阻尼引起钢球 A 振幅的衰减，通过 C 口一直注入小气压的气流，在精密玻璃管 B 的中央开设有一个小孔，当振动钢球 A 处于小孔下方的半个振动周期时，注入气体使容器的内压力增大，引起钢球 A 向上移动，而当钢球 A 处于小孔上方的半个振动周期时，容器内的气体将通过小孔流出，使物体下沉。以后重复上述过

程，只要适当控制注入气体的流量，钢球 A 就能在玻璃管 B 的小孔上下做简谐振动，振动周期可利用光电计时装置来测得。

若物体偏离平衡位置一个较小距离 x，则容器内的压力变化为 ΔP，物体的运动方程为

$$m\frac{\mathrm{d}^2 x}{\mathrm{d}t^2}=\pi r^2 \Delta P \qquad (4.10.1)$$

因为物体振动过程相当快，所以可以看作绝热过程，绝热方程为

$$PV^\gamma = 常数 \qquad (4.10.2)$$

式(4.10.2)两边对 PV 进行全微分得出：

$$\mathrm{d}P=-\frac{P\gamma \mathrm{d}V}{V} \qquad (4.10.3)$$

又因为

$$\Delta V=\pi r^2 x \qquad (4.10.4)$$

将式(4.10.3)、式(4.10.4)代入式(4.10.1)得

$$\frac{\mathrm{d}^2 x}{\mathrm{d}t^2}+\frac{\pi^2 r^4 P\gamma}{mV}x=0$$

此式即为熟知的简谐振动方程，它的解为

$$\omega=\sqrt{\frac{\pi^2 r^4 P\gamma}{mV}}=\frac{2\pi}{T} \qquad (4.10.5)$$

$$\gamma=\frac{4mV}{T^2 Pr^4}=\frac{64mV}{T^2 Pd^4} \qquad (4.10.6)$$

ω 表示简谐振动的角频率，式(4.10.6)中的各量均可方便测得，因而可算出空气比热容比 γ 的值。由气体运动论可以知道，γ 值与气体分子的自由度数有关，单原子气体(如氩)只有 3 个平均自由度，双原子气体(如氢)除上述 3 个平均自由度外还有 2 个转动自由度。多原子气体则具有 3 个转动自由度，比热容比 γ 与自由度 f 的关系为 $\gamma=\frac{f+2}{f}$。理论上得出：单原子气体(如 Ar、He，自由度 $f=3$)的比热容比 $\gamma=1.67$；双原子气体(如 N_2、H_2、O_2，自由度 $f=5$)的比热容比 $\gamma=1.40$；多原子气体(如 CO_2、CH_4，自由度 $f=6$)的比热容比 $\gamma=1.33$。γ 与温度无关。

本实验装置主要由玻璃制成，且对玻璃管的要求特别高，振动物体的直径仅比玻璃管内径小 0.01 mm 左右，因此振动物体表面不允许擦伤。平时它停留在玻璃管的下方(用弹簧托住)。若要将其取出，只需在它振动时，用手指将玻璃管壁上的小孔堵住，稍稍加大 C 口注入的气流量，物体便会上浮到管子上方开口处，就可以方便地取出；或将玻璃管由瓶上取下，将球倒出来。

振动周期采用可预置测量次数的数字计时仪(分 50 次、100 次两挡)测得，重复多次测量求平均值。

振动物体的直径采用螺旋测微计测出；质量用物理天平称量；烧瓶容积由实验室给出；大气压力由气压表自行读出，并将单位换算成 N/m²(760 mmHg=1.013×10^5 N/m²)。

仪器的操作方法如下：

(1) 仪器在使用前应可靠固定；玻璃容器应垂直放置，以免小球振动时碰到管壁，造成测量误差；垂直度可以通过调节玻璃容器本身和底座上的 3 个螺钉来实现。

(2) 气泵的输出通过输气软管接入玻璃容器，连接时注意不要漏气，否则小球不能上下振动。

(3) 光电门的输出插头接到计时测试仪后面板的专用插座上。

(4) 气泵的电源插头接到计时测试仪后面板的二芯插座上，通过计时测试仪前面板的气源开关可以接通或关闭气泵的电源。

(5) 接好仪器的电源，打开后面板上的电源开关，仪器接通电源。

(6) 打开周期计时装置，程序预置周期为 $T=30$（数显），即：小球来回经过光电门的次数为 $N=2T+1$ 次，据具体要求，若要设置 50 次，先按"置数"开锁，再按上调（或下调）改变周期 T，再按"置数"锁定，此时，即可按执行键开始计时，信号灯不停闪烁，即为计时状态，当物体经过光电门的周期次数达到设定值时，数显将显示具体时间，单位为"s"。若再执行"50"周期时，无须重设置，只要按"返回"即可回到上次刚执行的周期数"50"，再按"执行"键，便可以第二次计时。当断电再开机时，程序从头预置 30 次周期，须重复上述步骤。

(8) 本计算器的周期设定范围为 0～99 次，计时范围为 0～99.99 s，分辨率为 0.01 s。

【实验内容及步骤】

(1) 接通电源，调节气泵上的气量调节旋钮，使小球在玻璃管中以小孔为中心上下振动。注意，气流过大或过小都将无法实现钢球以小孔为中心的上下振动。调节时需要用手挡住玻璃管上方，以免气流过大将小球冲出管外造成钢球或瓶子损坏。

(2) 打开周期计时装置，将次数设置为 50 次，按下执行按钮后即可自动记录振动 50 次周期所需的时间。

若周期计时器不计时或不停止计时，可能是光电门位置放置不正确，造成钢球上下振动时未挡光；或者是外界光线过强，此时须适当挡光。

(3) 重复以上步骤 5 次。

(4) 用螺旋测微计和物理天平分别测出钢球的直径 d 和质量 m，其中直径重复测量 5 次。

【实验数据记录及处理】

测量 50 个周期的时间，测量 5 次，求平均值，数据记录于表 4.10.1 中。

表 4.10.1 实验数据记录表

次数	1	2	3	4	5
t/s					
$\bar{t}/\text{s}$					

本实验提供的玻璃瓶的有效体积为 $V=(1450\pm5)\,\text{cm}^3$；小球质量约为 4 g，小球半径约为 5 mm。忽略容器体积、大气压的测量误差，利用 $\gamma=\dfrac{4mV}{T^2Pr^4}=\dfrac{64mV}{T^2Pd^4}$ 估算空气的比热容比及其不确定度，测量结果表示为 $\gamma=\bar{\gamma}\pm\Delta\gamma$。

【思考题】

（1）注入气体量的多少对小球的运动情况有没有影响？

（2）在实际问题中，物体振动过程并不是理想的绝热过程，这时测得的值比实际值大还是小？为什么？

实验 4.11　金属线胀系数的测定

【实验目的】

学习测量金属线胀系数的方法。

【实验仪器】

线胀系数测量装置、光杠杆、尺度望远镜、温度计、钢直尺、直尺、电热器（测温装置）。

【实验原理】

一般固体的体积或长度随温度的升高而膨胀，这就是固体的热膨胀。设物体的温度改变 Δt 时其长度改变 Δl，如果 Δt 足够小，则 Δl 与 Δt 成正比，并且也与物体原长 l 成正比，因此有

$$\Delta l = \alpha l \Delta t \qquad (4.11.1)$$

式（4.11.1）中的比例系数 α 称为固体的线膨胀系数，亦称线胀系数，其物理意义是温度每升高 $1℃$ 时物体的伸长量与它在 $0℃$ 时的长度 l_0 之比，其正规定义为

$$\alpha = \frac{1}{l_0} \cdot \frac{\Delta l}{\Delta t} \qquad (4.11.2)$$

设温度在 t_1 时物体的长度为 l，升到 t_2 时长度增加了 Δl，则

$$\alpha = \frac{\Delta l}{l(t_2 - t_1)} \qquad (4.11.3)$$

设温度为 t_1 时，通过尺度望远镜和光杠杆的平面镜看见直尺上的刻度 a_1 恰好在望远镜中叉丝横线上，温度升至 t_2 时，a_2 移至横线上，可得

$$\Delta l = \frac{(a_2 - a_1)d_1}{2d_2} \qquad (4.11.4)$$

式中，d_2 为光杠杆镜面到直尺的距离，d_1 为光杠杆后足尖到两前足尖连线的垂直距离。将式（4.11.4）代入（4.11.3）得

$$\alpha = \frac{(a_2 - a_1)d_1}{2d_2 l(t_2 - t_1)} \qquad (4.11.5)$$

【实验内容及步骤】

（1）用米尺测量金属棒的长度 l。

（2）将光杠杆放在仪器平台上，其后足尖放在金属棒顶端，光杠杆镜面铅直，调节望远镜，看到平面镜中直尺的像，读出尺度望远镜的叉丝横线在直尺上的位置。

（3）记下初温 t_1，然后开始加热，待温度数值稳定几分钟不变后，读出尺度望远镜的叉丝横线所对直尺的数值 a_2，并记下温度 t_2。

（4）停止加热，测出直尺到平面镜镜面的距离 d_2。

（5）将光杠杆在白纸上轻压出三个足尖，测出其后足尖到两前足尖连线的垂直距离d_1。

（6）关闭电源，整理仪器。

【实验数据记录及处理】

将测量数据填入表 4.11.1 和表 4.11.2 中。

表 4.11.1　距离测量数据

次数 被测量	1	2	3	4	5	平均值
d_1/cm						
d_2/cm						

表 4.11.2　其他数据

被测量 次数	a_1/cm	a_2/cm	l/cm	t_1/℃	t_2/℃
1					
2					
3					
4					
5					
平均值					

把所测数据代入式（4.11.5），求出线胀系数的平均值、不确定度。

【思考题】

怎样调节光杠杆和尺度望远镜才能使所花的时间最短？

实验 4.12　用稳态平板法测定不良导体的导热系数

【实验目的】

（1）学习用稳态平板法测量不良导体的导热系数。

（2）利用物体的散热速率求传热速率。

（3）用作图法求冷却速率。

【实验仪器】

本实验装置为不良导体导热系数测定仪，如图 4.12.1 所示。

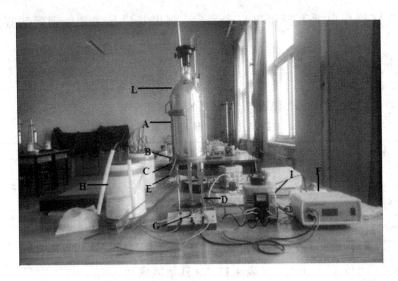

L—红外灯；A—铜质厚底圆筒；B—待测样品；C—黄铜盘；D—支架；E—温差电偶；

F—数字电压表；G—双刀双掷开关；H—杜瓦瓶；I—调压器

图 4.12.1　不良导体导热系数测定仪

【实验原理】

　　导热系数是表征物质热传导性质的物理量。目前对导热系数的测量均建立在傅里叶热传导定律的基础上。本实验采用稳态平板法。

　　根据热传导理论，当物体内部存在温度梯度时，热量从高温向低温传导，有

$$\frac{dQ}{dt} = -\lambda \frac{dT}{dt} \cdot dx \tag{4.12.1}$$

其中 λ 就是导热系数，其单位为瓦特每米开尔文，即 $W/(m \cdot K)$。

　　待测样品为一平板 B，当其上、下表面温度分别稳定在 T_1、T_2 时，若以 h_B 表示样品高度，S_B 表示样品底面积，则有

$$\frac{dQ}{dt} = \lambda \frac{T_1 - T_2}{h_B} \cdot S_B \tag{4.12.2}$$

　　在稳定导热条件下，可以认为板 B 的传热速率与黄铜盘 C 在温度为 T_2 时从下面及侧面向周围环境散热的速率相等。

　　实验时，当读到稳定时的 T_1、T_2 后，取走样品板 B，让圆筒 A 的底盘与盘 C 直接接触，使盘 C 的温度上升到比 T_2 高 10℃左右，再将筒 A 移去，让盘 C 直接向环境散热，则盘 C 通过上下两面及侧面的散热速率为 dQ'/dt'。如维持环境温度不变，则有

$$\frac{dQ}{dt} = \frac{S_下 + S_侧}{S_上 + S_下 + S_侧} \cdot \frac{dQ'}{dt'} = \frac{(\pi R_C^2 + 2\pi R_C h_C)}{(2\pi R_C^2 + 2\pi R_C h_C)} \cdot \frac{dQ'}{dt'} \tag{4.12.3}$$

式中，R_C、h_C 分别为盘 C 的半径与厚度。

　　按图 4.12.1 连接好温差电偶与数字电压表，进行测温。根据比热容的定义，对温度均匀的物体有

$$\frac{dQ'}{dt'} = cm \cdot \frac{dT}{dt'} = cm \cdot \beta \frac{d\varepsilon}{dt} \tag{4.12.4}$$

其中，c、m 分别是盘 C 的比热容及质量，ε 是温差电动势，β 是温差电动势率。则

$$\lambda = \frac{h_B}{(T_1-T_2)} \cdot \frac{dQ}{dt} = \frac{h_B cm}{(\varepsilon_1-\varepsilon_2)\pi R_B^2} \cdot \frac{(R_C+2h_C)}{(2R_C+2h_C)} \cdot \frac{d\varepsilon}{dt} \qquad (4.12.5)$$

其中，ε_1、ε_2 分别为 T_1、T_2 时的电压表读数。

【实验内容及步骤】

（1）用游标卡尺测量样品 B、黄铜盘 C 的直径、厚度（每个物理量测量 5 次）。黄铜盘的质量按 1 kg 计算。

（2）圆筒 A 底盘的侧面和黄铜盘 C 的侧面都有能安插热电偶的小孔。安装圆筒和圆盘时要注意使小孔与杜瓦瓶、毫伏计在同一侧。

（3）热电偶端要沾上些硅油，然后插到小孔底部，使热电偶与铜盘接触良好。同样，热电偶冷端处的细玻璃试管内也要灌入适当的硅油，再浸入冰水中。

（4）正确组装仪器后，打开加热装置，进行实验。

（5）因为是用稳态平板法测物体的导热系数，所以要使温度稳定约需 1 小时的时间。为缩短达到稳态时的时间，可先将加热红外灯的电源电压调至 180～200 V，加热 20 分钟左右。

（6）将电压调至 130～150 V，寻找稳定的温度（电压），使得样品 B 上下面的电压在 10 min内的变化不超过 0.03 mV，即可认为达到稳定状态，记录稳定后的两个电压值。

（7）抽取样品 B，使圆筒 A 与盘 C 接触加热，当盘 C 的温度相当于 T_2 上升 10℃左右（约 0.4 mV）后，移去圆筒 A，让盘 C 自然冷却。

（8）每隔 30 s 记录一个温度（电压）值，取相对 T_2（即 U_2）最近的上下各 6 个数据并记录下来，由其中过 $T_2(U_2)$ 的温度值求出冷却速率，然后由式（4.12.5）求出导热系数。

（9）整理仪器，处理数据。

【实验数据记录及处理】

将样品 B、黄铜盘 C 的几何尺寸测量结果填入表 4.12.1 中。

表 4.12.1　B、C 的几何尺寸测量结果

	直径/mm					厚度/mm					平均值/mm	
序号	1	2	3	4	5	1	2	3	4	5	直径	厚度
板 B												
盘 C												

将盘 C 自由散热过程中的自由散热温度填入表 4.12.2 中。

表 4.12.2　自由散热温度（最接近 U_2 的 12 个电压值）

序号	1	2	3	4	5	6
T_2（用电压 U_2，mV）						
序号	7	8	9	10	11	12
T_2（用电压 U_2，mV）						

本仪器测得橡皮板在真空中的导热系数为 0.16 W/(m·K)。热电偶选用铜、康铜热电偶，温差为 100℃时，其输出热电势为 4 mV。将所测数据代入式(4.12.5)进行计算，求出导热系数的平均值及误差(不确定度)，然后写出测量结果的规范表达式。

对所得结果进行评价，分析产生误差的原因。

【实验注意事项】

(1) 为了准确测定加热盘 A 和散热盘 C 的温度，实验中应该在两个连接线上涂些导热硅油，以使传感器和加热盘、散热盘充分接触。

(2) 加热橡皮样品的时候，为达到稳定的传热，需调节底部的 3 个微调螺丝，使样品与加热盘、散热盘紧密接触。

【思考题】

试分析实验中产生误差的主要因素。

实验 4.13　菲涅尔双棱镜测钠光波长

【实验目的】

(1) 掌握同轴等高光路的调节方法。

(2) 观察菲涅尔双棱镜产生的双光束干涉现象，进一步认清光的波动特性。

(3) 学会用菲涅尔双棱镜测量钠光波长的方法。

【实验仪器】

光源、菲涅尔双棱镜、可调狭缝、凸透镜、光具座、测微目镜。

【实验原理】

如果两列频率相同的光波沿着几乎相同的方向传播，并且这两列光波的相位差不随时间而变化，那么在两列光波相交的区域内，光强的分布是不均匀的，而是在某些地方表现为加强，在另一些地方表现为减弱，这种现象称为光的干涉。

菲涅耳利用如图 4.13.1 所示装置(图为示意图)，获得了双光束的干涉现象。图中双棱镜 B 是一个分割波前的分束器，它的外形结构如图 4.13.2 所示。将一块平玻璃板的上表面加工成两楔形板，端面与棱脊垂直，楔角较小(一般小于 1°)。当狭缝 S 发出的光波投射到双棱镜上时，借助棱镜界面的两次折射，其波前便分割成两部分，形成沿不同方向传播的两束相干驻波。通过双棱镜观察这两束光，就好像它们是由虚光源 S_1 和 S_2 发出的一样，故在两束光相互交叠区域内产生干涉。如果狭缝的宽度较小且双棱镜的棱脊和光源狭缝平行，便可在光屏 Q 上观察到平行于狭缝的等间距干涉条纹。根据形成明、暗条纹的条件，当光程差为半波长的偶数倍时产生明条纹，当光程差为半波长的奇数倍时产生暗条纹。

设 d 代表两虚光源 S_1 和 S_2 间的距离，D 为虚光源所在的平面(近似地在光源狭缝 S 的平面内)至观察屏 Q 的距离，且 $d \ll D$，任意两条相邻的亮(或暗)条纹间的距离为 Δx，则实验所用光波波长 λ 可表示为

$$\lambda = \frac{d}{D}\Delta x \qquad (4.13.1)$$

式(4.13.1)表明，只要测出 d、D 和 Δx，就可算出光波波长。

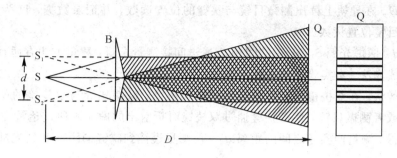

图 4.13.1　双棱镜的干涉条纹图

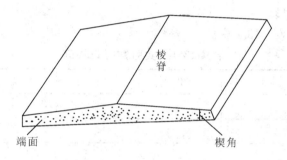

图 4.13.2　双棱镜外形结构

【实验内容及步骤】

1. 将各光学元件调节到等高共轴

实验在光具座上进行。为使钠光灯、狭缝、双棱镜、凸透镜 L、测微目镜 P 等 5 个器件等高共轴，要在光具座上对它们逐一进行调整。

（1）调狭缝。使狭缝与光源贴近、对正(不要动钠光灯)，让钠光均匀照亮整个狭缝，两者中心等高，狭缝垂直于导轨。

（2）调凸透镜。让透镜的主光轴与狭缝中心共轴，透镜主光轴平行于光具座的棱脊。

（3）调双棱镜。在狭缝与透镜之间放入双棱镜，使光源能达双棱镜棱脊正中位置。

（4）调测微目镜。拿走观测屏，以测微目镜占领其位置。调测微目镜(高低、左右可调)，使之与透镜等高共轴。

2. 调出清晰的干涉条纹

拿走凸透镜，在测微目镜的视场中寻找干涉条纹。若此时只能看见一片黄光，这是因为狭缝过宽或双棱镜棱脊尚未与狭缝平行。只要慢慢减小狭缝宽度，测微目镜的分划板上将出现一条竖直亮带(两边较暗)，轻轻改变狭缝的取向，就可以在亮带区域出现清晰的干涉条纹。以上操作一定要轻缓。调出条纹后，改变测微目镜与单缝的距离，改变双棱镜与狭缝的间距，观察条纹的疏密变化规律，并寻找最佳测量状态。

3. 测量

（1）测 Δx。将狭缝、双棱镜、测微目镜一一锁定，然后用测微目镜测读并记录第 1～11 条、第 2～12 条亮纹的位置读数(光程差为 10λ)，反复测量 3 组数据。测量中注意调分划板上的竖线与干涉条纹平行，测量时鼓轮只能向一个方向旋转，以防止产生回程差。

（2）测 D。在导轨上读出测微目镜与狭缝的位置读数，并记录数据，D 为狭缝位置读数减去测微目镜位置读数。

（3）测 d。两虚光源 S_1 和 S_2 的间距 d 通过间接测量求得，测量方法有两种，即一次成像法和二次成像法。本实验采用一次成像法。

一次成像法：在双棱镜和测微目镜之间放入透镜，保持狭缝与双棱镜的位置不变，前后移动棱镜或者测微目镜，使得狭缝通过双棱镜时折射出的虚光源通过透镜在屏上呈现一个清晰的实像。测量两实像之间的距离 d_1，再测量透镜到狭缝的距离和到光屏的距离，即物距 u 和像距 v。按照透镜成像公式 $d = \dfrac{u}{v} d_1$，可得出 d。多次重复测量求平均值。

【实验数据记录及处理】

将实验数据填入表 4.13.1 中。

表 4.13.1　实验数据记录表　　　　　　　　　　mm

测量次数	1	2	3	4	5
Δx					
D					
d					

计算 $\bar{\lambda} = \dfrac{\bar{d}}{\bar{D}} \cdot \overline{\Delta x}$，计算不确定度以及 $\bar{\lambda}$ 计算值与钠黄光标准波长 589.3 nm 的相对误差。

【实验注意事项】

（1）不要反复开启钠光灯，以免影响钠光灯的寿命。

（2）不要用手触摸光学元件表面，以防污染，只能用镜头纸擦拭光学元件表面。

（3）使用测微目镜时，要确定测微目镜读数装置的分格精度，要注意防止回程误差，旋转读数鼓轮时动作要平稳、缓慢，测量装置要保持稳定。

（4）在测量光源狭缝至观察屏的距离 D 时，因为狭缝平面和测微目镜的分划板平面均不和光具座滑块的读数准线共面，所以必须引入相应的修正，否则将引起较大的系统误差。

【思考题】

（1）双棱镜是怎么样实现双光束干涉的？

（2）导轨上的光学器件都等高共轴后，仍看不到干涉条纹，可能的原因主要是哪两个？

实验 4.14　用交流电桥测电阻、电容和电感

【实验目的】

（1）了解电桥平衡的原理，掌握调节电桥平衡的方法。

（2）设计各种实际测量用的交流电桥。

（3）验证交流电桥的平衡条件。

【实验仪器】

电阻箱、交流电流表、音频信号发生器、标准可变电容箱、标准电感、待测电容和待测线圈。

【实验原理】

图 4.14.1 是交流电桥的原理线路，它与直流电桥原理相似。在交流电桥中，4 个桥臂一般是由交流电路元件如电阻、电感、电容组成的；电桥的电源通常是正弦交流电源；交流平衡指示仪（又称平衡指示器、交流指零仪或电子放大式指零仪）的种类很多，适用于不同频率范围。信号的输出频率在 200 Hz 以下时可采用谐振式检流计；音频范围内的信号可采用耳机作为平衡指示器；音频或更高的频率时也可采用电子指零仪器；也有用电子示波器或交流毫伏表作为平衡指示器的。本实验采用高灵敏度的电子放大式指零仪，它有足够的灵敏度。指示器指零时，电桥达到平衡。

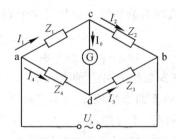

图 4.14.1　交流电桥原理

1. 交流电桥的平衡条件

在正弦稳态的条件下讨论交流电桥的基本原理。在交流电桥中，4 个桥臂由阻抗元件组成，在电桥的一对角线 cd 上接入交流指零仪，另一对角线 ab 上接入交流电源。

当调节电桥参数，使交流指零仪中无电流通过（即 $I_0 = 0$）时，c、d 两点的电位相等，电桥达到平衡，这时有

$$U_{ac} = U_{ad}$$
$$U_{cb} = U_{db}$$

即

$$I_1 Z_1 = I_4 Z_4$$
$$I_2 Z_2 = I_3 Z_3$$

则

$$\frac{I_1 Z_1}{I_2 Z_2} = \frac{I_4 Z_4}{I_3 Z_3}$$

当电桥平衡时，$I_0 = 0$，由此可得

$$I_1 = I_2, \quad I_3 = I_4$$

所以

$$Z_1 Z_3 = Z_2 Z_4 \qquad\qquad\qquad (4.14.1)$$

式(4.14.1)就是交流电桥的平衡条件，它说明当交流电桥达到平衡时，相对桥臂的阻抗的乘积相等。

由图 4.14.1 可知，若第一桥臂由被测阻抗 Z_x 构成，则

$$Z_x = \frac{Z_2}{Z_3} Z_4 \tag{4.14.2}$$

当其他桥臂的参数已知时，就可确定被测阻抗 Z_x 的值。

2. 交流电桥平衡的分析

下面对电桥的平衡条件作进一步的分析。

在信号源是正弦交流的情况下，桥臂阻抗可以写成复数的形式：

$$Z = R + jX = Z e^{j\phi} \tag{4.14.3}$$

若将电桥的平衡条件用复数的指数形式表示，则可得

$$Z_1 e^{j\phi_1} \cdot Z_3 e^{j\phi_3} = Z_2 e^{j\phi_2} \cdot Z_4 e^{j\phi_4} \tag{4.14.4}$$

即

$$Z_1 \cdot Z_3 \ e^{j(\phi_1 + \phi_3)} = Z_2 \cdot Z_4 \ e^{j(\phi_2 + \phi_4)}$$

根据复数相等的条件，等式两端的幅模和幅角必须分别相等，故有

$$\begin{cases} Z_1 Z_3 = Z_2 Z_4 \\ \phi_1 + \phi_3 = \phi_2 + \phi_4 \end{cases} \tag{4.14.5}$$

式(4.14.5)就是交流电桥平衡条件的另一种表现形式。可见交流电桥的平衡必须满足两个条件：① 相对桥臂上阻抗幅模的乘积相等；② 相对桥臂上阻抗幅角之和相等。

由式(4.14.5)可以得出如下两点重要结论：

(1) 交流电桥必须按照一定的方式配置桥臂阻抗。

如果用任意 4 个不同性质的阻抗组成一个电桥，不一定能够调节到平衡，因此必须把电桥各元件的性质按电桥的两个平衡条件作适当配合。

在很多交流电桥中，为了使电桥结构简单和调节方便，通常将交流电桥中的两个桥臂设计为纯电阻。

由式(4.14.5)的平衡条件可知，如果相邻两臂接入纯电阻，则另外的相邻两臂也必须接入相同性质的阻抗。例如，若被测对象 Z_x 在第一桥臂中，两相邻臂 Z_2 和 Z_3（图 4.14.1）为纯电阻，即 $\phi_2 = \phi_3 = 0$，那么由式(4.14.5)可得 $\phi_4 = \phi_x$。若被测对象 Z_x 是电容，则它的相邻桥臂 Z_4 也必须是电容；若 Z_x 是电感，则 Z_4 也必须是电感。

如果相对桥臂接入纯电阻，则另外的相对桥臂必须为异性阻抗。例如，若相对桥臂 Z_2 和 Z_4 为纯电阻，即 $\phi_2 = \phi_4 = 0$，那么由式(4.14.5)可知 $\phi_3 = -\phi_x$。若被测对象 Z_x 为电容，则它的相对桥臂 Z_3 必须是电感；而如果 Z_x 是电感，则 Z_3 必须是电容。

(2) 必须反复调节两个桥臂的参数才能满足交流电桥平衡条件。

在交流电桥中，为了满足上述两个条件，必须调节两个桥臂的参数才能使电桥完全达到平衡，而且往往需要对这两个参数进行反复地调节，所以交流电桥的平衡调节要比直流电桥的调节困难一些。

【实验内容及步骤】

1. 交流电桥测量电容

根据前面的介绍，分别用串联电阻式电容电桥和并联电阻式电容电桥测量两个损耗不同的电容 C_x。试用交流电桥的测量原理对测量结果进行分析，计算电容值及其损耗电阻、损耗因数。

2. 交流电桥测量电感

根据前面的介绍，分别用串联电阻式电感电桥和并联电阻式电感电桥测量两个 Q 值不同的电感 L_x。试用交流电桥的测量原理对测量结果进行分析，计算电感值及其损耗电阻 Q 值。

3. 交流电桥测量电阻

用交流电桥测量不同阻值的电阻，并与直流电桥的测量结果进行比较。

4. 其他电桥的设计

根据交流电桥的原理，自行设计其他形式的测量电桥，分析其能否平衡，并导出相应的测量公式，再进行实验，验证交流电桥的平衡条件。

说明：在电桥的平衡过程中，有时交流电流表的指针不能完全回到零位，这对于交流电桥是完全可能的，一般来说有以下原因：

（1）测量电阻时，被测电阻的分布电容或分布电感太大。

（2）测量电容和电感时，损耗平衡（R_n）的调节精度受到限制，尤其是测量低 Q 值的电感或高损耗的电容时更为明显。另外，电感线圈极易感应外界的干扰，也会影响电桥的平衡，这时可以试着变换电感的位置来减小这种影响。

（3）用不合适的电桥形式进行测量也可能使指针不能完全回到零位。

（4）由于桥臂元件并非理想的电抗元件，也存在损耗，如果被测元件的损耗很小甚至小于桥臂元件的损耗，也会造成电桥难以完全平衡。

（5）选择的测量量程不当，或被测元件的电抗值太小或太大，也会造成电桥难以平衡。

（6）在保证精度的情况下，灵敏度不要调得太高，灵敏度太高也会引入一定的干扰，形成一定的指针偏转。

【思考题】

（1）交流电桥的桥臂是否可以选择任意不同性质的阻抗元件？应如何选择？

（2）为什么在交流电桥中至少需要选择两个可调参数？怎样调节才能使电桥趋于平衡？

（3）交流电桥对使用的电源有何要求？交流电源对测量结果有无影响？

【拓展阅读：交流电桥的设计】

本实验采用独立的测量元件，既可设计一个理论上能平衡的桥路类型，又可设计一个理论上不能平衡的桥路类型，以验证交流电桥的工作原理。

交流电桥的 4 个桥臂，要按一定的原则配以不同性质的阻抗才有可能达到平衡。根据前面的分析，满足平衡条件的桥臂类型可以有许多种。设计一个好的实用的交流电桥应注意以下几个方面：

（1）桥臂尽量不采用标准电感。由于制造工艺上的原因，标准电容的准确度要高于标准电感，并且标准电容不易受外磁场的影响。所以常用的交流电桥，不论是测电感还是测电容，除了被测臂之外，其他 3 个臂都采用电容和电阻。

（2）尽量使平衡条件与电源频率无关，这样才能发挥电桥的优点，使被测量只决定于桥臂参数，而不受电源电压或频率的影响。有些形式的桥路的平衡条件与频率有关，这样，电源的频率不同将直接影响测量的准确性。

（3）电桥在平衡中需要反复调节，才能使幅角关系和幅模关系同时得到满足。通常将电桥趋于平衡的快慢程度称为交流电桥的收敛性。收敛性愈好，电桥趋向平衡愈快；收敛性差，则电桥不易平衡或者说平衡过程时间要很长，需要测量的时间也较长。电桥的收敛性取决于桥臂阻抗的性质以及调节参数的选择。所以收敛性差的电桥，由于平衡比较困难也不常用。

当然，出于对理论验证的需要，我们也可以设计出自己需要的各种形式的交流电桥。

下面是几种常用的交流电桥。

1. 电容电桥

电容电桥主要用来测量电容器的电容量及损耗角。为了弄清电容电桥的工作情况，下面首先对被测电容的等效电路进行分析，然后介绍电容电桥的典型线路。

1）被测电容的等效电路

实际中的电容器并非理想元件，它存在着介质损耗，所以通过电容器 C 的电流与它两端的电压的相位差并不是 $90°$，而是比 $90°$ 要小一个 δ 角，即介质损耗角。具有损耗的电容可以用两种形式的等效电路来表示：一种是理想电容和一个电阻相串联的等效电路，如图 4.14.2(a)所示；另一种是理想电容与一个电阻相并联的等效电路，如图 4.14.3(a)所示。在等效电路中，理想电容表示实际电容器的等效电容，而串联（或并联）的等效电阻则表示实际电容器的发热损耗。

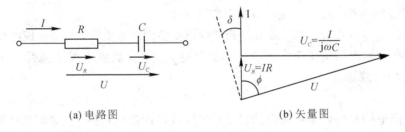

(a) 电路图　　　　　　　(b) 矢量图

图 4.14.2　有损耗的电容器的串联等效电路及矢量图

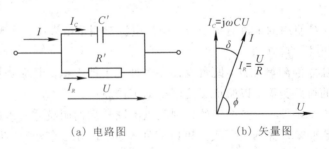

(a) 电路图　　　　　　　(b) 矢量图

图 4.14.3　有损耗的电容器的并联等效电路及矢量图

图 4.14.2(b)及图 4.14.3(b)分别是串联等效和并联等效对应的电压、电流的矢量图。必须注意，串联等效电路中的 C 和 R 与并联等效电路中的 C'、R' 是不相等的。在一般情况下，当电容器介质损耗不大时，应当有 $C \approx C'$，$R \leqslant R'$。所以，如果用 R 或 R' 来表示实际电容器的损耗时，还必须说明它对应哪一种等效电路。因此为了方便起见，通常用电容器的损耗角 δ 的正切 $\mathrm{tg}\delta$ 来表示它的介质损耗特性，并用符号 D 表示，通常称它为损耗因数。在串联等效电路中有

$$D=\tan\delta=\frac{U_R}{U_C}=\frac{IR}{\dfrac{I}{\omega C}}=\omega CR \tag{4.14.6}$$

在并联等效电路中有

$$D=\tan\delta=\frac{I_R}{I_C}=\frac{U/R'}{\omega C'U}=\frac{1}{\omega C'R'} \tag{4.14.7}$$

应当指出，在图 4.14.2(b)和图 4.14.3(b)中，$\delta=90°-\phi$ 对两种等效电路都是适合的，所以不管用哪种等效电路，求出的损耗因数是一致的。

2）串联电阻式电容电桥

图 4.14.4 为串联电阻式电容电桥，适合用来测量损耗小的被测电容。被测电容 C_x 接到电桥的第一臂，等效为电容 C_x' 和串联电阻 R_x'，其中 R_x' 表示它的损耗；与被测电容相比较的标准电容 C_n 接入相邻的第 4 臂，C_n 串联一个可变电阻 R_n；桥的另外两臂为纯电阻 R_b 及 R_a，当电桥调到平衡时，有

$$\left(R_x'+\frac{1}{j\omega C_x'}\right)R_a=\left(R_n+\frac{1}{j\omega C_n}\right)R_b \tag{4.14.8}$$

式(4.14.8)实数部分和虚数部分分别相等，即

$$\begin{cases} R_x'R_a=R_nR_b \\ \dfrac{R_a}{C_x'}=\dfrac{R_b}{C_n} \end{cases}$$

整理后可得

$$R_x'=\frac{R_b}{R_a}R_n \tag{4.14.9}$$

$$C_x'=\frac{R_a}{R_b}C_n \tag{4.14.10}$$

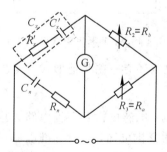

图 4.14.4　串联电阻式电容电桥

由此可知，要使电桥达到平衡，必须同时满足式(4.14.9)和式(4.14.10)这两个条件，因此至少要调节两个参数。如果要改变 R_n 和 C_n，可以单独调节 R_n 或 C_n，使电容电桥达到平衡。通常标准电容都是固定的，因此 C_n 不能连续可变，这时我们可以调节比值 R_a/R_b，使式(4.14.10)得到满足，但调节 R_a/R_b 的比值时又影响到式(4.14.9)的平衡。可见，要使电桥同时满足两个平衡条件，必须反复调节 R_n、R_a/R_b 等参数才能实现。因此使用交流电桥时，必须通过实际操作取得经验，才能迅速获得电桥的平衡。电桥达到平衡后，C_x' 和 R_x' 的值可以分别按式(4.14.9)和式(4.14.10)进行计算，其被测电容的损耗因数 D 为

$$D=\tan\delta=\omega C_x' R_x' =\omega C_n R_n$$

3) 并联电阻式电容电桥

假如被测电容的损耗大，则用串联电阻式电容电桥测量时，与标准电容相串联的电阻 R_n 必须很大，这将会降低电桥的灵敏度。因此当被测电容的损耗大时，宜采用图 4.14.5 所示的另一种电容电桥，即并联电阻式电容电桥来进行测量，它的特点是标准电容 C_x' 与电阻 R_x' 是彼此并联的，则根据电桥的平衡条件可以写成：

$$R_b\left[\cfrac{1}{\cfrac{1}{R_n}+\mathrm{j}\omega C_n}\right]=R_a\left[\cfrac{1}{\cfrac{1}{R_x'}+\mathrm{j}\omega C_x'}\right] \qquad (4.14.11)$$

整理后可得

$$C_x'=C_n \cdot \frac{R_a}{R_b} \qquad (4.14.12)$$

$$R_x'=R_n \cdot \frac{R_b}{R_a} \qquad (4.14.13)$$

被测电容的损耗因数为

$$D=\tan\delta=\frac{1}{\omega C_x' R_x'}=\frac{1}{\omega C_n R_n} \qquad (4.14.14)$$

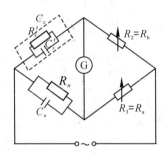

图 4.14.5　并联电阻式电容电桥

根据需要，交流电桥测量电容还有一些其他形式，读者可参考有关的书籍。

2. 电感电桥

电感电桥是用来测量电感的。电感电桥有多种电路，通常采用标准电容作为与被测电感相比较的标准元件。从前面的分析可知，这时标准电容一定要连接在与被测电感相对的桥臂中。根据实际需要，也可采用标准电感作为标准元件，这时标准电感一定要连接在与被测电感相邻的桥臂中，这里不将此方法作为重点介绍。

一般的，实际中的电感线圈都不是纯电感，除了电抗 $X_L=\omega L$ 外，还有有效电阻 R，两者之比称为电感线圈的品质因数 Q，即

$$Q=\frac{\omega L}{R} \qquad (4.14.15)$$

下面介绍两种电感电桥电路，它们分别适用于测量高 Q 值和低 Q 值的电感元件。

1) 串联电阻式电感电桥

串联电阻式电感电桥的原理线路如图 4.14.6 所示，该电桥线路又称为海氏电桥，适合

于测量高 Q 值的电感。

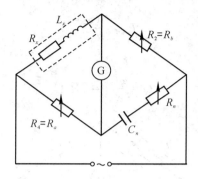

图 4.14.6　串联电阻式电感电桥

电桥平衡时，根据平衡条件可得

$$\left(R_x + \mathrm{j}\omega L_x\right)\left(R_n + \frac{1}{\mathrm{j}\omega C_n}\right) = R_b R_a$$

简化并整理后可得

$$\begin{cases} L_x = \dfrac{R_b R_a C_n}{1 + (\omega C_n R_n)^2} \\[3mm] R_x = \dfrac{R_b R_a R_n (\omega C_n)^2}{1 + (\omega C_n R_n)^2} \end{cases} \tag{4.14.16}$$

由式(4.14.6)可知，海氏电桥的平衡条件与频率有关。因此在应用成品电桥时，若改用外接电源供电，必须注意要使电源的频率与该电桥说明书上规定的电源频率相符，而且电源波形必须是正弦波，否则，谐波频率会影响测量的精度。

用海氏电桥测量时，其 Q 值为

$$Q = \frac{\omega L_x}{R_x} = \frac{1}{\omega C_n R_n} \tag{4.14.17}$$

由式(4.4.17)可知，被测电感 Q 值越小，标准电容 C_n 的值越大，但一般标准电容的容量都不能做得太大。此外，若被测电感的 Q 值过小，则海氏电桥的标准电容的桥臂中所串的 R_n 也必须很大，但当电桥中某个桥臂阻抗数值过大时，电桥的灵敏度会受影响，可见海氏电桥宜用于测 Q 值较大的电感参数，而在测量 $Q < 10$ 的电感元件的参数时则需用另一种电桥线路。

2) 并联电阻式电感电桥

并联电阻式电感电桥的原理线路如图 4.14.7 所示，该电桥线路又称为麦克斯韦电桥。这种电桥与上面介绍的测量高 Q 值电感的电桥线路所不同的是，标准电容桥臂中的 C_n 与可变电阻 R_n 是并联的。

在电桥平衡时，有

$$\left(R_x + \mathrm{j}\omega L_x\right) \frac{1}{\left(\dfrac{1}{R_n} + \mathrm{j}\omega C_n\right)} = R_b R_a$$

相应的测量结果为

$$\begin{cases} L_x = R_b R_a C_n \\ R_x = \dfrac{R_b}{R_n} R_a \end{cases}$$
(4.14.18)

被测对象的品质因数 Q 为

$$Q = \frac{\omega L_x}{R_x} = \omega R_n C_n$$
(4.14.19)

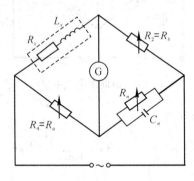

图 4.14.7　并联电阻式电感电桥

　　麦克斯韦电桥的平衡条件式(4.14.18)表明,它的平衡与频率无关,即在电源为任何频率或非正弦的情况下,电桥都能平衡,且其实际可测量的 Q 值范围也较大,所以该电桥的应用范围较广。但是实际上,由于电桥内各元件间的相互影响,该交流电桥的测量频率对测量精度仍有一定的影响。

3. 电阻电桥

　　测量电阻时采用惠斯通电桥,见图 4.14.8,从图中可以看到此电桥与直流单臂电桥相同,只是这里用交流电源和交流指零仪。

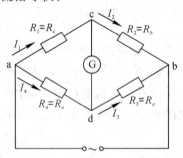

图 4.14.8　交流电桥测量电阻

　　当检流计 G 平衡时,G 无电流流过,c、d 两点为等电位,即

$$I_1 = I_2,\ I_3 = I_4$$
$$I_1 R_1 = I_4 R_4$$
$$I_2 R_2 = I_3 R_3$$

于是有

$$\frac{R_1}{R_2} = \frac{R_4}{R_3}$$

所以

$$R_x = R_1 = \frac{R_4}{R_3} \cdot R_2$$

即

$$R_x = \frac{R_n}{R_a} \cdot R_b$$

由于采用交流电源和交流电阻，因此测量一些残余电抗较大的电阻时不易平衡，这时可改用直流电桥进行测量。

实验 4.15　电子束线的偏转与聚焦研究

【实验目的】

（1）研究带电粒子在电场和磁场中聚焦和偏转的规律。

（2）了解电子束管的结构和原理。

（3）掌握一种测量电子荷质比的方法。

【实验仪器】

DH4521 电子束测试仪。

【实验原理】

DH4521 电子束测试仪用来研究电子在电场、磁场中的运动规律。该仪器采用一体式设计，内置电偏转电源、磁偏转电源及磁聚焦电源，5 个表头分别显示电偏转电压、磁偏转电流、阳极电压、聚焦电压及磁聚焦电流。该仪器性能稳定可靠，结构更加合理，便于学生操作，不需附加任何仪器，即可完成电偏转、磁偏转、电聚焦、磁聚焦等实验内容。

1. 电偏转

阴极射线管如图 4.15.1 所示。

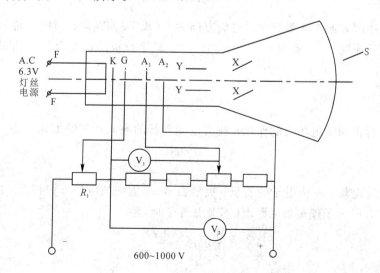

K—阴极；G—栅极；A_1—聚焦阳极；A_2—第二阳极；Y—垂直偏转板；X—水平偏转板；S—荧光屏

图 4.15.1　阴极射线管

由阴极 K、控制栅极 G、阳极 A_1 和 A_2 组成电子枪。阴极被灯丝加热而发射电子,电子受阳极的作用而加速。电子从阴极发射出来时,可以认为它的初速度为零。电子枪内阳极 A_2 相对阴极 K 具有几百甚至几千伏的加速正电位 U_2。它产生的电场使电子沿轴向加速,到达 A_2 时速度为 v。由能量关系:

$$\frac{1}{2}mv^2 = eU_2$$

可得

$$v = \sqrt{\frac{2eU_2}{m}} \tag{4.15.1}$$

过阳极 A_2 的电子以速度 v 进入两个相对平行的偏转板间。若在两个偏转板间加上电压 U_d,两个平行板间的距离为 d,则平行板间的电场强度 $E = \frac{U_d}{d}$,电场强度的方向与电子速度 v 的方向相互垂直,如图 4.15.2 所示。

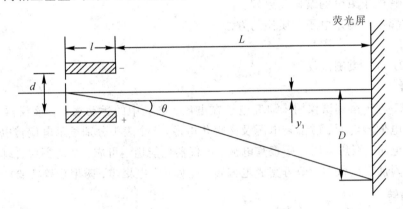

图 4.15.2　电子枪发射出的电子的运行轨迹图

设电子的速度方向为 z 轴方向,电场方向为 y(或 x)轴方向。当电子进入平行板空间时,$t_0 = 0$,电子速度为 v,此时有 $v_z = v$,$v_y = 0$。设平行板的长度为 l,电子通过 l 所需的时间为 t,则有

$$t = \frac{l}{v_z} = \frac{l}{v} \tag{4.15.2}$$

电子在平行板间受电场力的作用,在与电场平行的方向产生的加速度为

$$a_y = \frac{-eE}{m} \tag{4.15.3}$$

其中 e 为电子的电量,m 为电子的质量,负号表示 a_y 方向与电场方向相反。当电子射出平行板时,在 y 方向电子偏离轴的距离(不考虑负号时)为

$$y_1 = \frac{1}{2}a_y t^2 = \frac{1}{2}\frac{eE}{m}t^2 \tag{4.15.4}$$

将 $t = l/v$ 代入式(4.15.4),可得

$$y_1 = \frac{1}{2}\frac{eE}{m}\frac{l^2}{v^2} \tag{4.15.5}$$

再将 $v=\sqrt{\dfrac{2eU_2}{m}}$ 和 $E=\dfrac{U_d}{d}$ 代入式(4.15.5)，可得

$$y_1=\frac{1}{4}\frac{U_d}{U_2}\frac{l^2}{d} \tag{4.15.6}$$

由图 4.15.2 可以看出，电子在荧光屏上的偏转距离 $D=y_1+L\tan\theta$，又

$$\tan\theta=\frac{v_y}{v_z}=\frac{a_y t}{v}=\frac{U_d l}{2U_2 d} \tag{4.15.7}$$

所以

$$D=\frac{1}{2}\frac{U_d l}{U_2 d}\left(\frac{l}{2}+L\right) \tag{4.15.8}$$

从式(4.15.8)可以看出，偏转量 D 随 U_d 的增加而增加，与 $(l/2+L)$ 成正比，与 U_2 和 d 成反比。

2. 磁偏转

电子通过 A_2 后，若在垂直于 z 轴的 x 方向放置一个均匀磁场，那么以速度 v 飞越的电子在 y 方向上也将发生偏转。由于电子受洛伦兹力为 $F=evB$，大小不变，方向与速度方向垂直，因此电子在 F 的作用下做匀速圆周运动(设圆周运动的半径为 R)，洛伦兹力就是向心力，有

$$R=\frac{mv}{eB}$$

所以有

$$evB=\frac{mv^2}{R}$$

电子离开磁场将沿切线方向飞出，直射荧光屏。

3. 电聚焦

电子射线束的聚焦是所有射线管(如示波管、显像管和电子显微镜等)都必须解决的问题。在阴极射线管中，阳极被灯丝加热发射电子。电子受阳极产生的正电场作用而加速运动，同时又受栅极产生的负电场作用，只有一部分电子能通过栅极小孔而飞向阳极。改变栅极电位能控制通过栅极小孔的电子数目，从而控制荧光屏上的辉度。当栅极上的电位负到一定的程度时，可使电子射线截止，辉度为零。

聚焦阳极和第二阳极是由同轴的金属圆筒组成的。由于各电极上的电位不同，在它们之间形成了弯曲的等位面、电力线，这样就使电子束的路径发生弯曲，类似光线通过透镜那样产生了会聚和发散，这种电子组合称为电子透镜。改变电极间的电位分布可以改变等位面的弯曲程度，从而使电子透镜聚焦。

4. 磁聚焦和电子荷质比的测量

置于长直螺线管中的示波管在不受任何偏转电压的情况下正常工作时，调节亮度和聚焦，可在荧光屏上得到一个小亮点。若第二加速阳极 A_2 的电压为 U_2，则电子的轴向运动速度用 $v_{//}$ 表示，则有

$$v_{//} = \sqrt{\sqrt{\frac{2eU_2}{m}}} \tag{4.15.9}$$

当给其中一对偏转板加上交变电压时，电子将获得垂直于轴向的分速度（用 $v_\perp$ 表示），此时荧光屏上便出现一条直线，随后给长直螺线管通一直流电流 I，于是螺线管内便产生磁场，其磁场感应强度用 B 表示。众所周知，运动电子在磁场中要受到洛伦兹力 $F = ev_\perp B$ 的作用，$v_{//}$ 受力为零，电子继续向前做直线运动，而 $v_\perp$ 受力最大为 $F = ev_\perp B$，这个力使电子在垂直于磁场（也垂直于螺线管轴线）的平面内做圆周运动，设其圆周运动的半径为 R，则有

$$ev_\perp B = \frac{mv_\perp^2}{R}, \quad R = \frac{mv_\perp^2}{ev_\perp B} \tag{4.15.10}$$

圆周运动的周期为

$$T = \frac{2\pi R}{v_\perp} = \frac{2\pi \cdot m}{e \cdot B} \tag{4.15.11}$$

电子既在轴线方向做直线运动，又在垂直于轴线的平面内做圆周运动。它的轨道是一条螺旋线，其螺距用 h 表示：

$$h = v_{//} T = \frac{2\pi}{B}\sqrt{\frac{2mU_2}{e}} \tag{4.15.12}$$

有趣的是，从式(4.15.11)、式(4.15.12)可以看出，电子运动的周期和螺距均与 $v_\perp$ 无关。不难想象，电子在做螺旋线运动时，它们从同一点出发，尽管各个电子的 $v_\perp$ 各不相同，但经过一个周期以后，它们又会在距离出发点相距一个螺距的地方重新相遇，这就是磁聚焦的基本原理。由式(4.15.12)可得

$$\frac{e}{m} = \frac{8\pi^2 U_2}{h^2 B^2} \tag{4.15.13}$$

长直螺线管的磁感应强度 B 可以由下式计算：

$$B = \frac{\mu_0 N I}{\sqrt{L^2 + D_0^2}} \tag{4.15.14}$$

将式(4.15.14)代入式(4.15.13)，可得电子荷质比为

$$\frac{e}{m} = \frac{8\pi^2 U_2 (L^2 + D_0^2)}{(\mu_0 N I h)^2} \tag{4.15.15}$$

其中，μ_0 为真空中的磁导率，$\mu_0 = 4\pi \times 10^{-7}$ H/m。

电子束测试仪的其他参数如下：

· 螺丝管内的线圈匝数：$N = 526 \pm 2$；
· 螺线管的长度：$L = 0.234$ m；
· 螺线管的直径：$D_0 = 0.09$ m；
· 螺距（Y 偏转板至荧光屏距离）$h = 0.145$ m。

【实验内容及步骤】

1. 电偏转

参照图 4.15.3 完成以下步骤：

(1) 开启电源开关，将"电子束/荷质比"选择开关打向"电子束"位置，适当调节亮度，并调节聚焦，使屏上光点聚成一细点。应注意，光点不能太亮，以免烧坏荧光屏。

(2) 光点调零。将面板上的钮子开关打向"X 偏转电压显示"，调节"X 偏转调节"旋钮，使电压表的指针在零位；再调节"X 偏转调零"旋钮，使光点位于示波管垂直中线上；同 X 偏转调节一样，将面板上钮子开关打向"Y 偏转电压显示"，调节后，光点位于示波管的中心原点。

(3) 测量偏转量 D 随电偏转电压 U_d 的变化。调节"阳极电压"旋钮，给定阳极电压 U_2；将电偏转电压表显示打到显示"Y 偏转调节"（垂直电压），改变 U_d，测一组 D 值；改变 U_2 后，再测 D-U_d 变化（U_2 的范围为 600～1000 V）。

(4) 求 y 轴电偏转灵敏度 D/U_d，并说明为什么 U_2 不同时 D/U_d 不同。

(5) 同 y 轴一样，也可以测量 x 轴的电偏转灵敏度。

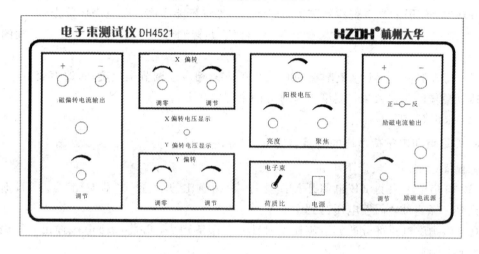

图 4.15.3 电子束测试仪面板

2. 磁偏转

参照图 4.15.4 完成以下步骤：

(1) 开启电源开关，将"电子束/荷质比"选择开关打向"电子束"位置，适当调节亮度，

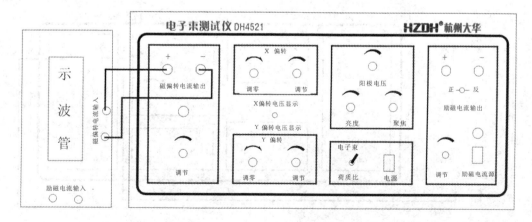

图 4.15.4 电子束测试仪与示波器的连接(1)

并调节聚焦,使屏上光点聚成一细点。应注意,光点不能太亮,以免烧坏荧光屏。

(2) 光点调零。通过调节"X 偏转调节"和"Y 偏转调节"旋钮,使光点位于 y 轴的中心原点。

(3) 测量偏转量 D 随磁偏转电流 I 的变化。给定 U_2,将磁偏转电流输出与磁偏转电流输入相连,调节磁偏转电流调节旋钮(改变磁偏转线圈电流的大小),测量一组 D-I 值;改变磁偏转电流方向,再测一组 D-I 值;改变 U_2,再测两组 D-I 数据。其中 U_2 的范围为 $600\sim1000$ V。

(4) 求磁偏转灵敏度 D/I,并解释为什么 U_2 不同时 D/I 不同。

3. 电聚焦

(1) 开启电源开关,将"电子束/荷质比"选择开关打向"电子束"位置,辉度适当调节,并调节聚焦,使屏上光点聚成一细点。应注意,光点不能太亮,以免烧坏荧光屏。

(2) 光点调零。通过调节"X 偏转调节"和"Y 偏转调节"旋钮,使光点位于 y 轴的中心原点。

(3) 调节阳极电压 U_2(范围在 $600\sim1000$ V),相应地调节聚焦旋钮(改变聚焦电压)使光点达到最佳的聚焦效果,测量出各对应的聚焦电压 U_1。

(4) 求出 U_2/U_1。

4. 磁聚焦和电子荷质比的测量。

依照图 4.15.5 完成以下步骤:

(1) 开启电子束测试仪电源开关,"电子束/荷质比"开关置于"荷质比"方向,此时荧光屏上出现一条直线,阳极电压调到 700 V。

(2) 将励磁电流部分的调节旋钮逆时针方向调节到头,并将励磁电流输出与励磁电流输入相连(螺线管)。

(3) 电流换向开关打到正向,调节输出调节旋钮,逐渐加大电流使荧光屏上的直线一边旋转一边缩短,直到变成一个小光点,读取此时对应的电流值 $I_\text{正}$,然后将电流调为零。再将电流换向开关打到反向(改变螺线管中磁场方向),重新从零开始增加电流使屏上的直线反方向旋转并缩短,直到再得到一个小光点,读取此时电流值 $I_\text{反}$。

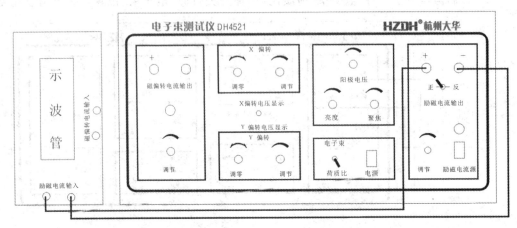

图 4.15.5　电子束测试仪与示波器的连接(2)

（4）改变阳极电压为 800 V，重复步骤（3），直到阳极电压调到 1000 V 为止。

（5）数据记录和处理。记录所测各数据，通过式（4.15.15）计算出电子荷质比 e/m。

【实验数据记录及处理】

1. 电偏转

记录不同阳极电压下 x 轴电偏转灵敏度，填入表 4.15.1 中。

表 4.15.1　x 轴电偏转灵敏度记录表

U_d(600 V)							
D							
U_d(700 V)							
D							

（1）作 D-U_d 图，求出曲线斜率，即为不同阳极电压下 x 轴电偏转灵敏度。

（2）同理，记录不同阳极电压下 y 轴电偏转灵敏度。

（3）作 D-U_d 图，求出曲线斜率，即为不同阳极电压下 y 轴电偏转灵敏度。

2. 电聚焦

记录不同 U_2 下的 U_1 值，填入表 4.15.2 中。

表 4.15.2　U_1 值记录表

U_2/V	600	700	800	900	1000
U_1/V					
U_2/U_1					

3. 磁偏转

（1）记录不同 U_2 时磁偏转数据，填入表 4.15.3 中。

表 4.15.3　磁偏转数据记录表

$U_2=600$ V							
D/mm							
I/mA							
$U_2=700$ V							
D/mm							
I/mA							

（2）作 D-I 图，求出曲线斜率，即为不同阳极电压下磁偏转灵敏度。

4. 测量电子荷质比

测量电子荷质比，填入表 4.15.4 中。

表 4.15.4　电子荷质比测量数据

励磁电流＼阳极电压	700 V	800 V	900 V	1000 V
$I_\text{正}/\text{A}$				
$I_\text{反}/\text{A}$				
$I_\text{平均}/\text{A}$				
电子荷质比 $\dfrac{e}{m}/(\text{C/kg})$				

【实验注意事项】

(1) 在实验过程中，光点不能太亮，以免烧坏荧光屏。

(2) 在改变螺线管电流方向时，应先将励磁电流调到最小后再换向。

(3) 改变阳极电压 U_2 后，光点亮度会改变，这时应重新调节亮度，若调节亮度后加速电压有变化，再调到限定的电压值。

(4) 励磁电流输出中有 10 A 保险丝，磁偏转电流输出和输入有 0.75 A 保险丝用于保护。

【思考题】

在加速电压不变的条件下，偏转距离是否与偏转电压或者偏转电流成正比？

第 5 章　设计与研究性物理实验

实验 5.1　电表的改装与校准

【实验目的】

(1) 测量表头内阻。

(2) 掌握将 1 mA 表头改成较大量程的电流表和电压表的方法。

(3) 学会校准电流表和电压表的方法。

【实验仪器】

电表改装与校准实验仪。

【实验原理】

电表在电测量中有着广泛的应用，因此了解电表和使用电表就显得十分重要。电流计（表头）由于构造的原因，一般只能测量较小的电流，如果要用它来测量电压或较大的电流，就必须进行改装。万用表就是对微安表头进行改装而来，在电路的测量和故障检测中得到了广泛的应用。

常见的磁电式电流计主要由放在永久磁场中的由细漆包线绕制的可以转动的线圈、用来产生机械反力矩的游丝、指示用的指针和永久磁铁所组成。当电流通过线圈时，载流线圈在磁场中就产生一磁力矩，使线圈转动，从而带动指针偏转。线圈偏转角度的大小与通过的电流大小成正比，所以可由指针的偏转直接指示出电流值。

1. 电流计内阻

电流计允许通过的最大电流称为电流计的量程，用 I_g 表示，电流计的线圈有一定的内阻，用 R_g 表示。I_g 与 R_g 是两个表示电流计特性的重要参数。

测量内阻 R_g 的常用方法有：

(1) 半电流法，也称中值法，测量原理见图 5.1.1。

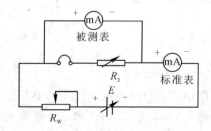

图 5.1.1　中值法

当被测电流计接在电路中时，使电流计满偏，再用十进位电阻箱与电流计并联作为分流电阻，改变电阻箱的阻值即改变分流程度。当电流计指针指示到中间值，且标准表读数（总电流强度）仍保持不变时（可通过调电源电压和R_w来实现），显然这时分流电阻值就等于电流计的内阻。

（2）替代法，测量原理见图 5.1.2。当被测电流计接在电路中时，用十进位电阻箱替代它，且改变电阻值，当电路中的电压不变，且电路中的电流（标准表读数）亦保持不变时，电阻箱的电阻值即为被测电流计的内阻。

替代法是一种运用很广的测量方法，具有较高的测量准确度。

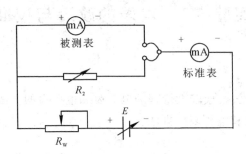

图 5.1.2　替代法

2. 改装为大量程电流表

根据电阻并联规律可知，如果在表头两端并联上一个阻值适当的电阻 R_2，如图 5.1.3 所示，可使表头不能承受的那部分电流从 R_2 上分流通过。这种由表头和并联电阻 R_2 组成的整体（图中虚线框住的部分）就是改装后的电流表。如需将量程扩大 n 倍，则不难得出：

$$R_2 = \frac{R_g}{n-1} \tag{5.1.1}$$

用电流表测量电流时，电流表应串联在被测电路中，所以要求电流表应有较小的内阻。在表头上并联阻值不同的分流电阻，便可制成不同量程的电流表。

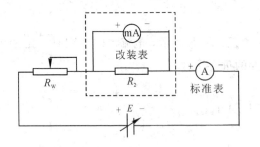
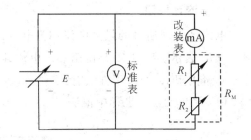

图 5.1.3　扩流后的电流表　　　　　　　　图 5.1.4　改装为电压表

3. 改装为电压表

一般表头能承受的电压很小，不能用来测量较大的电压。为了测量较大的电压，可以给表头串联一个阻值适当的电阻 R_M，如图 5.1.4 所示，使表头上不能承受的那部分电压降落在电阻 R_M 上。这种由表头和串联电阻 R_M 组成的整体就是电压表，串联的电阻 R_M 叫作扩程电阻。选取不同大小的 R_M，就可以得到不同量程的电压表。由图 5.1.4 可求得扩程电阻值为

$$R_{\mathrm{M}} = \frac{E}{I - R_{\mathrm{g}}} \tag{5.1.2}$$

用电压表测电压时，电压表总是并联在被测电路上。为了不因并联电压表而改变电路中的工作状态，要求电压表应有较高的内阻。

【实验内容及步骤】

（1）仪器在进行实验前应对毫安表进行机械调零。

（2）用中值法或替代法测出表头的内阻（按图 5.1.1 或图 5.1.2 接线）。

（3）将一个量程为 1 mA 的表头改装成 5 mA 量程的电流表。

① 根据式（5.1.1）计算出分流电阻值。先将电源调到最小，R_{w} 调到中间位置，再按图 5.1.1 接线。

② 慢慢调节电源，升高电压，使改装表指到满量程（可配合调节 R_{w} 变阻器，注意，R_{w} 作为限流电阻，阻值不要调至最小值），这时记录标准表读数。然后调小电源电压，使改装表的读数每隔 1 mA（满量程的 1/5）逐步减小直至零点；（将标准电流表选择开关打在 20 mA 挡量程）再调节电源电压按原间隔逐步增大改装表读数直到满量程，每次记下标准表相应的读数。

③ 以改装表读数为横坐标，以标准表由大到小及由小到大调节的两次读数的平均值为纵坐标，在坐标纸上作出电流表的校正曲线，并根据两表最大误差的数值定出改装表的准确度级别。

④ 重复以上步骤，将 1 mA 表头改装成 10 mA 表头，可按每隔 2 mA 测量一次（可选做）。

⑤ 将面板上的 R_{g} 和表头串联，作为一个新的表头，重新测量一组数据，并比较分流电阻有何异同（可选做）。

（4）将一个量程为 1 mA 的表头改装成 1.5 V 量程的电压表。

① 根据式（5.1.2）计算扩程电阻 R_{M} 的阻值，可用 R_1、R_2 进行实验。

② 按图 5.1.4 连接校准电路。用量程为 2 V 的数显电压表作为标准表来校准改装的电压表。

③ 调节电源电压，使改装表指针指到满量程（1.5 V），记下标准表读数。然后每隔 0.3 V 逐步减小改装表读数直至零点，再按原间隔逐步增大到满量程，每次记下标准表相应的读数。

④ 以改装表读数为横坐标，以标准表由大到小及由小到大调节的两次读数的平均值为纵坐标，在坐标纸上作出电压表的校正曲线，并根据两表最大误差的数值定出改装表的准确度级别。

⑤ 重复以上步骤，将 1 mA 表头改成 5 V 表头，可按每隔 1 V 测量一次（可选做）。

【实验数据记录及处理】

（1）用中值法或替代法测出表头的内阻，$R_{\mathrm{g}} = $ _____ Ω。

（2）将一个量程为 1 mA 的表头改装成 5 mA 量程的电流表，并将相关实验数据填入表 5.1.1 中。

表 5.1.1　实验数据记录表(1)

改装表读数/mA	标准表读数/mA			示值误差 ΔI/mA
	减小时	增大时	平均值	
1				
2				
3				
4				
5				

(3) 将一个量程为 1 mA 的表头改装成 1.5 V 量程的电压表,并将相关实验数据填入表 5.1.2 中。

表 5.1.2　实验数据记录表(2)

改装表读数/V	标准表读数/V			示值误差 ΔU/V
	减小时	增大时	平均值	
0.3				
0.6				
0.9				
1.2				
1.5				

【实验注意事项】

(1) 电源的输出调节旋钮应放在电压输出为 0 的位置。

(2) 滑动变阻器的旋钮应调到阻值最大的位置。

【思考题】

还有别的办法来测定电流计内阻吗? 能否用欧姆定律来进行测定? 能否用电桥来进行测定而又保证通过电流计的电流不超过 I_g?

实验 5.2　制流电路与分压电路的研究

【实验目的】

(1) 了解基本仪器的性能和使用方法。

(2) 掌握制流与分压两种电路的连接方法、性能和特点,学习检查电路故障的一般方法。

【实验仪器】

毫安计、伏特计、直流电源、滑动变阻器、电阻箱、开关、导线。

【实验原理】

电路可以千变万化,但一个电路一般可以分为电源、控制和测量三个部分。测量电路是先根据实验要求而确定好的,例如要校准某一电压表,需选一标准的电压表与它并联,这就是测量电路，它可等效于一个负载，这个负载可能是容性的、感性的或简单的电阻，这里以 R_Z 表示其负载。根据测量的要求，负载的电流值 I 和电压值 U 在一定的范围内变化，这就要求有一个合适的电源。控制电路的任务就是控制负载的电流和电压，使其数值和范围达到预定的要求，常用的是制流电路或分压电路。控制元件主要使用滑动变阻器或电阻箱。

1. 制流电路

制流电路如图 5.2.1 所示，图中 E 为直流电源；R_0 为滑动变阻器；Ⓐ为电流表；R_Z 为负载，本实验采用电阻箱；S 为电源开关。滑动变阻器串联在电路中，作为一个可变电阻，移动滑动头 C 的位置可以连续改变 AC 之间的电阻 R_{AC}，从而改变整个电路的电流 I。

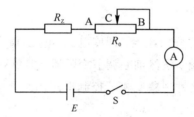

图 5.2.1　制流电路

1）调节范围

当 C 移至 A 端时，电路中的电流最大，负载两端的电压也最大。最大电流（忽略电源内阻时）为 $I_{max}=E/R_Z$，最大电压为 $U_{max}=E$。

当 C 移至 B 端时，电路中的电流最小，负载两端的电压也最小。最小电流为 $I_{min}=E/(R_Z+R_0)$，最小电压为 $U_{min}=R_ZE/(R_Z+R_0)$。

所以，制流电路的电压调节范围是 $R_ZE/(R_Z+R_0)\sim E$，相应的电流调节范围是 $E/(R_Z+R_0)\sim E/R_Z$。

一般情况下，负载中的电流为

$$I=\frac{E}{R_Z+R_{AC}} \tag{5.2.1}$$

或

$$I=\frac{\dfrac{E}{R_0}}{\dfrac{R_Z}{R_0}+\dfrac{R_{AC}}{R_0}}=\frac{I_{max}K}{K+X} \tag{5.2.2}$$

其中，$K=R_Z/R_0$，$X=R_{AC}/R_0$。

图 5.2.2 表示不同 K 值的制流特性曲线，从曲线可以清楚地看到制流电路有以下几个特点：① K 越大电流调节范围越小；② $K\geqslant 1$ 时调节的线性较好；③ K 较小（即 $R_0\gg R_Z$），X 接近 0 时电流变化很大，细调程度较差；④ 不论 R_0 大小如何，负载 R_Z 上通过的电流都不可能为零。

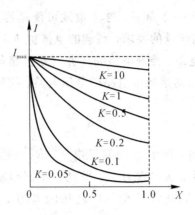

图 5.2.2　制流特性曲线

2）细调程度

做过电学实验的同学有这样的经验：即使电流（电压）值在控制电路的调节范围内，但有时会很难调到准确的指示值。虽然细心调节变阻器，但负载上的电流（电压）不是比指定值稍大就是比指定值稍小。这种现象反映了控制电路的细调程度不足。那么，细调程度跟哪些因素有关呢？

负载上电流（电压）的改变是靠推动变阻器的移动端实现的。实际上，即使很细心地推动移动端，它的位移总有一定的数值（不可能是数学上的无限小）。对滑动变阻器来说，位移至少是绕丝的一圈，因此一圈电阻的大小就决定了电流的最小改变量。

将式（5.2.1）对 R_{AC} 微分可得

$$\Delta I = -\frac{E}{(R_{AC}+R_Z)^2} \cdot \Delta R_{AC}$$

由于 $|\Delta R_{AC}|$ 的最小改变量为 $|\Delta R_{AC}|_{min} = |\Delta R_0|_{min} = \dfrac{R_0}{N}$（$N$ 为滑动变阻器的总匝数），因此电流的最小改变量为

$$|\Delta I|_{min} = \left(\frac{E}{R_{AC}+R_Z}\right)^2 \frac{1}{E} |\Delta R_0|_{min} = \frac{I^2}{E} \frac{R_0}{N} \tag{5.2.3}$$

$|\Delta I|_{min}$ 越大，细调性能越差；$|\Delta I|_{min}$ 越小，细调性能越好。从式（5.2.3）可见，当电路中的 E、N、R_0 确定后，$|\Delta I|_{min}$ 与 I^2 成正比，故电流越大，$|\Delta I|_{min}$ 越大，细调就越困难。假如负载的电流在最大时能满足细调要求，则小电流时也能满足细调要求。

由式（5.2.3）还可看出，R_0 小，可使 $|\Delta I|_{min}$ 小，细调性能越好；而 R_0 不能太小，否则会影响电流的调节范围。所以只能使 N 大，而 N 大会使得变阻器体积变得很大，故 N 又不能太大。为了克服以上矛盾，实际中常采用二级制流的方法，如图 5.2.3 所示，其中 R_{10} 阻值较大，作粗调用；R_{20} 阻值较小，作细调用。一般取 $R_{20}=R_{10}/10$，但要注意 R_{10}、R_{20} 的额定电流必须大于电路中的最大电流。

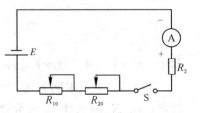

图 5.2.3　二级制流

2. 分压电路

1）调节范围

分压电路如图 5.2.4 所示，当滑动变阻器的滑动头 C 由 A 端滑至 B 端时，负载上电压从 0 变化至 E，调节范围与滑动变阻器的全电阻 R_0 大小无关。当滑动头在任一位置时，AC 两端的分压值（负载上的电压）U 为

$$U = \frac{E}{\dfrac{R_Z R_{AC}}{R_Z + R_{AC}} + R_{BC}} \cdot \frac{R_Z R_{AC}}{R_Z + R_{AC}} = \frac{E}{1 + \dfrac{R_{BC}(R_Z + R_{AC})}{R_Z \cdot R_{AC}}} = \frac{E R_Z R_{AC}}{R_Z(R_{AC} + R_{BC}) + R_{AC} R_{BC}}$$

$$= \frac{R_Z R_{AC} E}{R_Z R_0 + R_{AC} R_{BC}} = \frac{\dfrac{R_Z}{R_0} \cdot R_{AC} \cdot E}{R_Z + \dfrac{R_{AC}}{R_0} \cdot R_{BC}} = \frac{K R_{AC} E}{R_Z + X R_{BC}} \tag{5.2.4}$$

其中：

$$R_0 = R_{AC} + R_{BC}, \quad K = \frac{R_Z}{R_0}, \quad X = \frac{R_{AC}}{R_0}$$

由实验可得不同 K 值的分压特性曲线，如图 5.2.5 所示。从曲线可以清楚地看出分压电路有如下几个特点：① 不论 R_0 的大小如何，负载 R_Z 的电压调节范围均为 $0 \sim E$；② K 越小，电压调节越不均匀；③ K 越大，电压调节越均匀。因此要使电压 U 在 $0 \sim U_{max}$ 整个范围内均匀变化，则取 $K > 1$ 比较合适，实际 $K = 2$ 那条线可近似作为直线，故取 $R_0 \leqslant R_Z / 2$ 即可认为电压调节已达到一般均匀的要求。

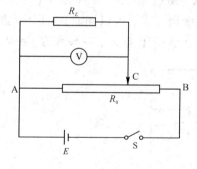

图 5.2.4　分压电路

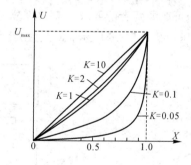

图 5.2.5　分压特性曲线

2）细调程度

由式（5.2.4）可知，当 $K \gg 1$（或 $R_Z \gg R_0$）时，$X \cdot R_{BC}$ 项可以略去，故近似有

$$U \approx \frac{K R_{AC} E}{R_Z} = \frac{R_{AC}}{R_0} E \tag{5.2.5}$$

将式（5.2.5）对 R_{AC} 微分，可得

$$\Delta U = \frac{E}{R_0} \Delta R_{AC}$$

因为

$$|\Delta R_{AC}|_{min} = \frac{R_0}{N}$$

所以 U 的最小改变量为

$$|\Delta U|_{\min}=\frac{E}{N} \tag{5.2.6}$$

从式(5.2.6)可知,当电源和变阻器选定后,E、R_0、N 均为定值,故当 $K\gg1$ 时 $|\Delta U|_{\min}$ 为一个常数,它表示在整个调节范围内调节的精细程度处处一样。

当 $K\ll1$(或 $R_z\ll R_0$)时,略去式(5.2.4)分母项中的 R_z,近似有

$$U=\frac{R_zR_{AC}E}{R_zR_0+R_{BC}R_{AC}}\approx\frac{R_zR_{AC}E}{R_{BC}R_{AC}}=\frac{R_z}{R_{BC}}E \tag{5.2.7}$$

将式(5.2.7)对 R_{BC} 微分,可得

$$\Delta U=-\frac{R_zE}{R_{BC}{}^2}\Delta R_{BC}=-\left(\frac{R_zE}{R_{BC}}\right)^2\frac{1}{R_zE}\Delta R_{BC}=-\frac{U^2}{R_zE}\Delta R_{BC}$$

因为 $|\Delta R_{BC}|_{\min}=\dfrac{R_0}{N}$,所以有

$$|\Delta U|_{\min}=\frac{U^2}{R_zE}\frac{R_0}{N} \tag{5.2.8}$$

式(5.2.8)表明:电压的最小改变量与负载上电压的平方成正比,在 U 值较小时细调程度较好,而在 U 值较大时,$|\Delta U|_{\min}$ 与 U 成平方地增加,细调能力迅速下降,这与制流电路的特点一致。

从以上分析可知,当 $K\gg1$(或 $R_z\gg R_0$)时,$|\Delta U|_{\min}$ 为一常数,整个调节范围的精细程度处处一样,即从调节的均匀度考虑,R_0 越小越好,但 R_0 过小时,分流电流必然很大,R_0 上的功耗也将变大,因此还要考虑到功耗不能太大,所以 R_0 不宜取得过小,一般取 $R_0=R_z/2$ 即可兼顾两者的要求。若一般分压不能达到细调要求,可以同时用两个变阻器串联进行分压,如图5.2.6所示,R_{10}(大)用作粗调,R_{20}(小)用作细调。一般取 $R_{20}=R_{10}/10$。

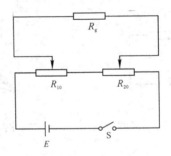

图 5.2.6　两个变阻器串联分压

3. 制流电路与分压电路的差别与选择

(1) 从调节范围看,分压电路的电压调节范围大,为 $0\sim E$;而制流电路的电压调节范围小,为 $R_zE/(R_z+R_0)\sim E$。

(2) 从细调程度看,当 $R_0\ll R_z/2$ 时,分压电路在整个调节范围内基本上是均匀的;而制流电路是不均匀的,负载上电压小时能调节得较精细,而电压大时调节变得很粗。

(3) 从控制电路本身消耗的功率看,由于分压电路比制流电路多一条支路,如果使用同一变阻器,分压电路消耗电能比制流电路要大。

基于以上差别，当负载电阻较大、调节范围较宽时可选用分压电路；反之，当负载电阻较小，功耗较大，调节范围不太大的情况下可选用制流电路。若一级电路达不到细调要求，则可采用二级制流(二段分压)的方法以满足细调要求。

【实验内容及步骤】

(1) 仔细观察所用伏特计的度盘，记录度盘下侧的符号及数字，说明其意义。说明所用伏特计在某一量程时的最大引用误差是多少。

(2) 记下所用电阻箱的级别，如果该电阻箱的指示值是 560 Ω，那么思考它的最大允许电流是多少。

(3) 记录所用变阻器的全电阻及额定电流。

(4) 研究制流电路的特性。

按图 5.2.1 所示电路进行实验，用电阻箱作为负载 R_Z，取 $K=0.1$，确定 R_Z 的大小。根据所用毫安计的量程和 R_Z 的最大允许电流，确定实验时的最大电流 I_{max} 及电源电压 E 值。注意 I_{max} 值应小于 R_Z 最大允许电流。

连接好电路(注意电源电压及 R_Z 取值，R_{AC} 取最大值)，复查电路无误后，闭合电源开关 S(如发现电流过大要立即切断电源)，移动变阻器滑动头 C，观察电流值的变化是否符合设计要求。

移动变阻器滑动头 C，在电流从最小到最大的变化过程中，测量 8～10 次电流值及相应 C 在标尺上的位置 L，并记下变阻器绕线部分的长度 L_0，以 L/L_0(即 $X=R_{AC}/R_0$)为横坐标、以电流 I 为纵坐标作图(注意，L 的零点为电流最大时 C 的位置)；测量在 I 最小和最大时，C 移动一小格时电流值的变化 $|\Delta I|$。

取 $K=1$，重复以上测量并绘图。$K=0.1$、$K=1$ 的图线绘在同一坐标上。

(5) 研究分压电路的特性。

按图 5.2.4 所示电路进行实验，用电阻箱作为负载 R_Z，取 $K=2$ 确定 R_Z 值，参照变阻器的额定电流和 R_Z 的允许电流，确定电源电压 E 的值。

移动变阻器滑动头 C，使加到负载上的电压从最小变到最大，测量 8～10 次电压值 U 及 C 点在标尺上的位置 L，以 L/L_0 为横坐标、以 U 为纵坐标作图。

测一下当电压值最小和最大时，C 移动一小格时电压值的变化 $|\Delta U|$。

取 $K=0.1$，重复上述测量并绘图。

【实验数据记录及处理】

1. 制流特性

(1) $K=0.1$，$I_{max}=$ _____，$E=$ _____，将相关数据填入表 5.2.1 中。

表 5.2.1　实验数据记录表 1

L									
L/L_0									
I/mA									

(2) $K=1$，$I_{max}=$ _____，$E=$ _____，将相关数据填入表 5.2.2 中。

表 5.2.2　实验数据记录表 2

L								
L/L_0								
I/mA								

2. 分压特性

（1）$K=2$，$I_{\max}=$ _____，$E=$ _____，将相关数据填入表 5.2.3 中。

表 5.2.3　实验数据记录表 3

L								
L/L_0								
U/V								

（2）$K=0.1$，$I_{\max}=$ _____，$E=$ _____，将相关数据填入表 5.2.4 中。

表 5.2.4　实验数据记录表 4

L								
L/L_0								
U/V								

【实验注意事项】

直流电源的输出调节旋钮应放在电压输出为 0 的位置。

【思考题】

（1）ZX21 电阻箱的示值为 8653.8 Ω，试计算出它的最大允许误差和额定电流值。

（2）从制流和分压特性曲线求出电流值（或电压值）近似为线性变化时滑线电阻的阻值。

实验 5.3　*RLC* 电路暂态过程的研究

【实验目的】

（1）研究 *RLC* 电路的暂态特性。

（2）加深对 *R*、*L*、*C* 各元件在电路中的作用的理解。

（3）进一步熟悉示波器的使用。

【实验仪器】

示波器（有外触发输入端）、方波发生器、万用表、电容器、标准电感线圈、无感电阻箱。

【实验原理】

RLC 电路的暂态过程就是当电源接通或断开后的"瞬间"，电路中的电流或电压非稳定的变化过程。本实验仅研究 *RC* 串联电路、*RL* 串联电路和 *RLC* 串联电路在接通和断开直流电源时的电流/电压的瞬态特性，主要是因为这些电路最常用。电路中的暂态过程不

可忽视，在瞬变时某些部分的电压或电流可能大于稳定状态时其最大值的好几倍，出现过电压或过电流现象。所以，如不预先考虑到暂态过程中的过渡现象，电路元件便有损伤甚至毁坏的危险。另一方面，通过暂态过程的研究，还可从积极的方面控制和利用过渡现象，如提高过渡的速度可获得高电压或者大电流。下面分别进行讨论。

1. RC 串联电路的暂态过程

电压值从一个值跳变到另一个值称为阶跃电压。

在图 5.3.1 所示电路中，当开关 S 打向"1"时，若电容 C 中初始电荷为 0，则电源 E 通过电阻 R 对电容 C 充电；充电完成后，把 S 打向"2"，电容通过回路放电。其充电方程为

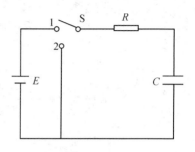

$$\frac{\mathrm{d}U_C}{\mathrm{d}t}+\frac{1}{RC}U_C=\frac{E}{RC}$$

放电方程为

$$\frac{\mathrm{d}U_C}{\mathrm{d}t}+\frac{1}{RC}U_C=0$$

图 5.3.1　RC 串联电路

可求得充电过程中电容和电阻的电压分别为

$$U_C=E(1-\mathrm{e}^{-\frac{t}{RC}})$$
$$U_R=E\cdot\mathrm{e}^{-\frac{t}{RC}}$$

放电过程中电容和电阻的电压分别为

$$U_C=E\cdot\mathrm{e}^{-\frac{t}{RC}}$$
$$U_R=-E\mathrm{e}^{-\frac{t}{RC}}$$

由上述公式可知 U_C、U_R 均按指数规律变化。令 $\tau=RC$，τ 称为 RC 电路的时间常数，τ 值越大，则 U_C 变化越慢，即电容的充电或放电越慢。图 5.3.2 给出了不同 τ 值的 U_C 变化情况，其中 $\tau_1<\tau_2<\tau_3$。

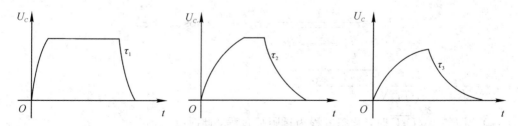

图 5.3.2　不同 τ 值的 U_C 变化示意图

2. RL 串联电路的暂态过程

在图 5.3.3 所示的 RL 串联电路中，当 S 打向"1"时，电感中的电流不能突变；当 S 打向"2"时，电流也不能突变为 0。这两个过程中的电流均有相应的变化过程。

电流增长过程有

$$U_L=E\cdot\mathrm{e}^{-\frac{R}{L}t}$$
$$U_R=E\cdot(1-\mathrm{e}^{-\frac{R}{L}t})$$

电流消失过程有

$$U_L = -E \cdot e^{-\frac{R}{L}t}$$

$$U_R = E \cdot e^{-\frac{R}{L}t}$$

其中，电路的时间常数为

$$\tau = \frac{L}{R}$$

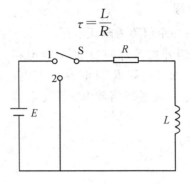

图 5.3.3　RL 串联电路

3. RLC 串联电路的暂态过程

在图 5.3.4 所示的 RLC 串联电路中，先将 S 打向 "1"，待稳定后再将 S 打向 "2"，这称为 RLC 串联电路的放电过程，方程为

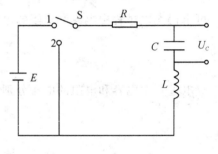

$$LC \frac{d^2 U_C}{dt^2} + RC \frac{dU_C}{dt} + U_C = 0$$

若初始条件为 $t=0$，$U_C = E$，$\dfrac{dU_C}{dt} = 0$，则方程的解可按 R 值的大小分为三种情况。

图 5.3.4　RLC 串联电路

（1）当 $R < 2\sqrt{L/C}$ 时，暂态过程为欠阻尼过程，此时有

$$U_C = \frac{1}{\sqrt{1 - \dfrac{C}{4L} \cdot R^2}} \cdot E \cdot e^{-\frac{t}{\tau}} \cdot \cos(\omega t + \varphi)$$

其中，$\tau = \dfrac{2L}{R}$，$\omega = \dfrac{1}{\sqrt{LC}} \sqrt{1 - \dfrac{C}{4L} \cdot R^2}$。

（2）当 $R > 2\sqrt{L/C}$ 时，暂态过程为过阻尼过程，此时有

$$U_C = \frac{1}{\sqrt{\dfrac{C}{4L}R^2 - 1}} \cdot E \cdot e^{-\frac{t}{\tau}} \cdot \sin(\omega t + \varphi)$$

其中，$\tau = \dfrac{2L}{R}$，$\omega = \dfrac{1}{\sqrt{LC}} \cdot \sqrt{\dfrac{C}{4L}R^2 - 1}$。

（3）当 $R = 2\sqrt{L/C}$ 时，暂态过程为临界阻尼过程，此时有

$$U_C = \left(1 + \frac{t}{\tau}\right) \cdot E \cdot e^{-\frac{t}{\tau}}$$

图 5.3.5 为这三种情况下的 U_C 变化曲线，其中 1 为欠阻尼，2 为过阻尼，3 为临界阻尼。如果 $R \ll 2\sqrt{L/C}$，则曲线 1 的振幅衰减很慢，能量的损耗较小，能量能够在 L 与 C 之间不断交换，可近似为 LC 电路的自由振荡，这时 $\omega \approx \dfrac{1}{\sqrt{LC}} = \omega_0$，$\omega_0$ 为 $R=0$ 时 LC 回路的固有频率。

充电过程与放电过程相类似，只是初始条件和最后平衡的位置不同。图 5.3.6 给出了充电时不同阻尼的 U_C 变化曲线图。

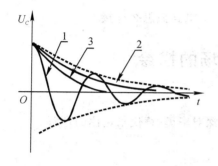
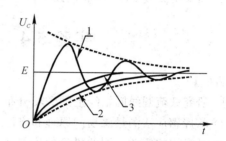

图 5.3.5　放电时的 U_C 曲线示意图　　　图 5.3.6　充电时的 U_C 曲线示意图

【实验内容及步骤】

1. RC 串联电路的暂态过程

如果信号源为直流电压，观察单次充电过程要用存储式示波器。本实验选择方波作为信号源进行实验，以便用普通示波器进行观测。由于采用了功率信号输出，故应防止短路。

（1）选择合适的 R 值和 C 值；根据时间常数 τ，选择合适的方波频率（一般要求方波的周期 $T > 10\tau$，这样能较完整地反映暂态过程）；选用合适的示波器扫描速度，以完整地显示暂态过程。

（2）改变 R 值或 C 值，观测 U_R 或 U_C 的变化规律，记录下不同 R、C 值时的波形情况，并分别测量时间常数 τ。

（3）改变方波频率，观察波形的变化情况，分析相同的 τ 值在不同频率时的波形变化情况。

2. RL 电路的暂态过程

选取合适的 L 值与 R 值，注意 R 的取值不能过小，这是因为 L 存在内阻。如果波形有失真或自激现象，则应重新调整 L 值与 R 值，然后再进行实验，方法与 RC 串联电路的暂态过程实验类似。

3. RLC 串联电路的暂态过程

（1）先选择合适的 L、C 值，根据选定参数，调节 R 值大小。观察三种阻尼振荡的波形。如果欠阻尼时振荡的周期数较少，则应重新调整 L、C 值。

（2）用示波器测量欠阻尼时的振荡周期 T 和时间常数 τ。τ 值反映了振荡幅度的衰减速度，从最大幅度衰减到 0.368 倍的最大幅度处的时间即为 τ 值。

【实验数据记录及处理】

记录各波形相应的 R、L、C 的值。

【实验注意事项】

(1) 示波器的灰度不能调得太亮,以免荧光屏上的荧光粉被击落。

(2) 由于采用了功率信号输出,故应防止短路。

【思考题】

(1) 根据实验观察,说明三种阻尼状态的波形是怎样演变的?试从幅度、衰减形式和快慢等方面进行说明。

(2) 如果要测量 RLC 串联电路中的 U_C 和 U_R,电路该怎么连接?

实验 5.4　磁场的描绘

【实验目的】

(1) 研究载流圆线圈轴线上的磁场分布,加深对毕奥-萨伐尔定律的理解。

(2) 掌握感应法测量磁场的原理和方法。

(3) 考察亥姆霍兹线圈的磁场的均匀区。

【实验仪器】

磁场测量与描绘实验仪。

【实验原理】

1. 仪器构成

磁场测量与描绘实验仪由两部分组成,分别为励磁线圈架部分(见图 5.4.1)和磁场测量仪器部分。

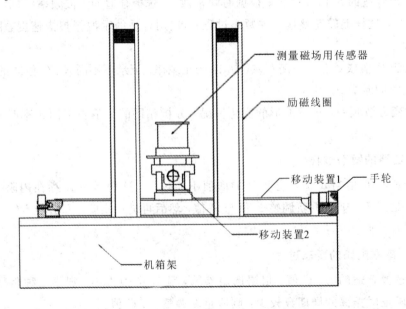

图 5.4.1　亥姆霍兹线圈架部分

亥姆霍兹线圈架部分有一传感器盒,盒中装有用于测量磁场的感应线圈。

2. 载流圆线圈与亥姆霍兹线圈的磁场

1) 载流圆线圈（单个圆环线圈）的磁场

一半径为 R、通以电流 I 的圆线圈，如图 5.4.2(a)所示，其轴线上的磁感应强度的计算公式为

$$B = \frac{\mu_0 N_0 I R^2}{2(R^2 + X^2)^{3/2}} \tag{5.4.1}$$

式中，N_0 为圆线圈的匝数，X 为轴上某一点到圆心 O 的距离，$\mu_0 = 4\pi \times 10^{-7}\,\text{H/m}$。轴线上磁场的分布如图 5.4.2(b)所示。

本实验取 $N_0 = 400$ 匝，$R = 105\,\text{mm}$。当 $f = 120\,\text{Hz}$，$I = 60\,\text{mA}$（有效值）时，在圆心 O 处 $X = 0$，可算得单个线圈的磁感应强度为 $B = 0.144\,\text{mT}$。

2) 亥姆霍兹线圈

所谓亥姆霍兹线圈，是指半径相同、彼此平行、共轴且通以同方向电流的两个线圈，如图 5.4.3(a)所示。理论计算证明，两个线圈的间距 a 等于线圈半径 R 时，两线圈合磁场在轴（两线圈圆心连线）附近较大范围内是均匀的，如图 5.4.3(b)所示。这种均匀磁场在工程和科学实验中应用十分广泛。

设亥姆霍兹线圈中轴线上有一点离中心点 O 的距离为 Z，则该点的磁感应强度为

$$B = \frac{1}{2}\mu_0 N I R^2 \left\{ \left[R^2 + \left(\frac{R}{2} + Z \right)^2 \right]^{-\frac{3}{2}} + \left[R^2 + \left(\frac{R}{2} - Z \right)^2 \right]^{-\frac{3}{2}} \right\} \tag{5.4.2}$$

而在亥姆霍兹线圈轴线上中心 O 处（$Z = 0$），磁感应强度为

$$B_O = \frac{\mu_0 N I}{R} \times \frac{8}{5^{\frac{3}{2}}} = 0.7155 \frac{\mu_0 N I}{R} \tag{5.4.3}$$

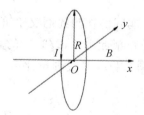

(a) 单个圆环线圈

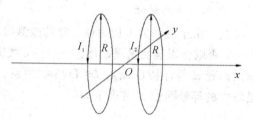

(a) 亥姆霍兹线圈

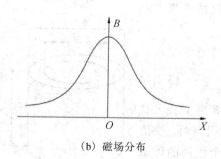

(b) 磁场分布

图 5.4.2　单个圆环线圈及其磁场分布

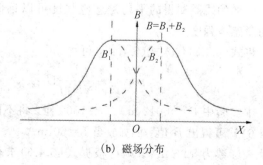

(b) 磁场分布

图 5.4.3　亥姆霍兹线圈及其磁场分布

实验取 $N_0=400$ 匝，$R=105$ mm。当 $f=120$ Hz，$I=60$ mA（有效值）时，在中心 O 处 $Z=0$，可算得亥姆霍兹线圈（两个线圈的合成）的磁感应强度为 $B=0.206$ mT。

3. 电磁感应法测磁场

1）电磁感应法测量原理

由交流信号驱动的线圈产生的交变磁场，它的磁场强度瞬时值为

$$B_i = B_m \sin\omega t$$

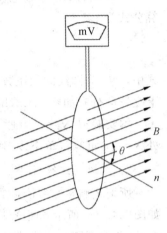

式中：B_m 为磁感应强度的峰值，其有效值记作 B；ω 为角频率。设有一个探测线圈放在这个磁场中，则通过这个探测线圈的有效磁通量为

$$\Phi = NSB_m \cos\theta \sin\omega t$$

式中：N 为探测线圈的匝数，S 为该线圈的截面积，θ 为法线 n 与 B_m 之间的夹角。如图5.4.4所示，线圈产生的感应电动势为

$$\varepsilon = -\frac{\mathrm{d}\Phi}{\mathrm{d}t} = -NS\omega B_m \cos\theta \cos\omega t$$
$$= -\varepsilon_m \cos\omega t$$

图 5.4.4　圆线圈周围的磁场

式中，$\varepsilon_m = NS\omega B_m \cos\theta$，即线圈法线和磁场成 θ 角时感应电动势的幅值。当 $\theta = 0$，$\varepsilon_{max} = NS\omega B_m$ 时，感应电动势的幅值最大。如果用数字式毫伏表测量此时线圈的电动势，则毫伏表的示值（有效值）U_{max} 为 $\varepsilon_{max}/\sqrt{2}$，则

$$B = \frac{B_m}{\sqrt{2}} = \frac{U_{max}}{NS\omega} \tag{5.4.4}$$

其中，B 为磁感应强度的有效值，B_m 为磁感应强度的峰值。

2）探测线圈的设计

实验中由于磁场的不均匀性，要求探测线圈要尽可能小。实际的探测线圈又不可能做得很小，否则会影响测量灵敏度。一般的，线圈长度 L 和外径 D 满足 $L=(2/3)D$ 的关系，线圈的内径 d 与外径 D 满足 $d \leqslant D/3$ 的关系，尺寸示意图见图5.4.5，经过理论计算，线圈在磁场中的等效面积 S 可表示为

$$S = \frac{13}{108}\pi D^2 \tag{5.4.5}$$

这样的线圈测得的平均磁感应强度可以近似看成是线圈中心点的磁感应强度。

将式(5.4.5)代入式(5.4.4)，可得

$$B = \frac{54}{13\pi^2 ND^2 f} U_{max} \tag{5.4.6}$$

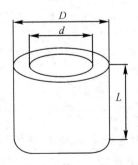

本实验中 $D=0.012$ m，$N=1000$ 匝。将不同的频率 f 代入式(5.4.6)就可得出 B 值。例如：当 $I=60$ mA，$f=120$ Hz 时，交流毫伏表读数为 5.95 mV，则可根据式(5.4.6)求得单个线圈的磁感应强度 $B=0.145$ mT。

图 5.4.5　探测线圈示意图

【实验内容及步骤】

（1）测量圆电流线圈轴线上磁场的分布。

连接电路。调节磁场实验仪的频率调节电位器，使频率表读数为 120 Hz。调节磁场实验仪的电流调节电位器，使励磁电流有效值为 $I＝60$ mA。以圆电流线圈中心为坐标原点，每隔 10.0 mm 测一个 U_{max} 值，测量过程中注意保持励磁电流值不变，并保证探测线圈法线方向与圆电流线圈轴线 D 的夹角为 0°（从理论上可知，如果转动探测线圈，当 $\theta＝0°$ 和 $\theta＝180°$ 时应该得到两个相同的 U_{max} 值，但实际测量时，这两个值往往不相等，这时就应该分别测出这两个值，然后取其平均值计算对应点的磁感应强度）。

在做实验时，可以把探测线圈从 $\theta＝0°$ 转到 180°，测量一组数据对比一下，正、反方向的测量误差如果不大于 2％，则只做一个方向的数据即可，否则，应分别按正、反方向测量，再求平均值作为测量结果。

（2）测量亥姆霍兹线圈轴线上磁场的分布。

把磁场实验仪的两个线圈串联起来，接到磁场测试仪的励磁电流两端。调节磁场实验仪的频率调节电位器，使频率表读数为 120 Hz。调节磁场实验仪的电流调节电位器，使励磁电流有效值为 $I＝60$ mA。以两个圆线圈轴线上的中心点为坐标原点，每隔 10.0 mm 测一个 U_{max} 值。

（3）测量亥姆霍兹线圈沿径向的磁场分布。

将探测线圈法线方向与圆电流线圈轴线 D 的夹角固定为 0°，转动探测线圈，径向移动手轮，每移动 10 mm 测量一个数据，按正、反方向测到边缘为止，记录数据并作出磁场分布曲线图。

（4）验证公式 $\varepsilon_m＝NS\omega B_m\cos\theta$，当 $NS\omega B_m$ 不变时，ε_m 与 $\cos\theta$ 成正比。按实验要求，把探测线圈沿轴线固定在某一位置，让探测线圈法线方向与圆电流轴线 D 的夹角从 0°开始，逐步旋转到 90°、180°、270°，再回到 0°，每改变 10°测一组数据。

（5）研究励磁电流频率改变对磁场强度的影响。

把探测线圈固定在亥姆霍兹线圈中心点，其法线方向与圆电流轴线 D 的夹角为 0°（注：亦可选取其他位置或其他方向），并保持不变。调节磁场测试仪输出电流的频率，在 20～150 Hz 范围内，每次频率改变 10 Hz，逐次测量感应电动势的数值并记录。

【实验数据记录及处理】

（1）圆电流线圈轴线上磁场分布的测量数据记录。注意这时坐标原点设在圆心处。要求列表记录，表格中包括测点位置、数字式毫伏表读数，以及由 U_{max} 换算得到的 B 值，并在表格中表示出各测点对应的理论值，数据记录表如表 5.4.1 所示。在同一坐标纸上描绘出实验曲线与理论曲线。

表 5.4.1　圆电流线圈轴线上的磁场分布数据记录

$f＝$　　　　Hz

轴向距离 X/mm	⋯	−20	−10	0	10	20	⋯
U_{max}/mV							
测量值 $B＝\dfrac{2.926}{f}U_{max}$/mT							
计算值 $B＝\dfrac{\mu_0 N_0 I R^2}{2(R^2+X^2)^{3/2}}$/mT							

（2）亥姆霍兹线圈轴线上的磁场分布的测量数据记录。数据记录表如表 5.4.2 所示。注意坐标原点设在两个线圈圆心连线的中点 O 处。在方格坐标纸上描绘出实验曲线。

表 5.4.2　亥姆霍兹线圈轴线上的磁场分布数据记录

$f=$　　　Hz

轴向距离 X/mm	⋯	-20	-10	0	10	20	⋯
$U_{\max}/\text{mV}$							
测量值 $B=\dfrac{2.926}{f}U_{\max}/\text{mT}$							

（3）测量亥姆霍兹线圈沿径向的磁场分布，将数据填入表 5.4.3 中。

表 5.4.3　亥姆霍兹线圈沿径向的磁场分布

$f=$　　　Hz

轴向距离 X/mm	⋯	-20	-10	0	10	20	⋯
$U_{\max}/\text{mV}$							
测量值 $B=\dfrac{2.926}{f}U_{\max}/\text{mT}$							

（4）验证公式 $\varepsilon_m=NS\omega B_m\cos\theta$，以角度为横坐标、以实际测得的感应电压 $U_{\max}$ 为纵坐标作图。U 值记录表如表 5.4.4 所示。

表 5.4.4　U 值记录表

$f=$　　　Hz

探测线圈转角 $\theta/0°$	0°	10°	20°	30°	40°	⋯
U/mV						
计算值 $U=U_{\max}\cdot\cos\theta$						

（5）研究励磁电流频率改变对磁场的影响。调节励磁电流的频率 f 为 20 Hz，调节励磁电流大小为 60 mA。注意，改变电流频率的同时，励磁电流大小也会随之变化，需调节电流调节电位器，固定电流值不变。以频率为横坐标、以磁场强度有效值 B 为纵坐标作图，并对实验结果进行讨论。B 值记录表如表 5.4.5 所示。

表 5.4.5　B 值记录表

$I=$　　　mA

励磁电流频率 f/Hz	20	30	40	50	⋯	150
U_m/mV						
测量值 $B=\dfrac{2.926}{f}U_{\max}/\text{mT}$						

【实验注意事项】

改变电流频率的同时，励磁电流大小也会随之变化，需调节电流调节电位器，固定电流值不变。

【思考题】

（1）亥姆霍兹线圈能产生强磁场吗？为什么？

（2）如何证明磁场是符合叠加原理的？

（3）试分析感应法测磁场的优缺点和适应条件。

参 考 文 献

[1]　杨述武. 普通物理实验. 北京：高等教育出版社，2007.
[2]　张捷民. 大学物理实验. 北京：科学出版社，2007.
[3]　丁红旗. 大学物理实验. 北京：清华大学出版社，2010.
[4]　陈巧玲. 大学物理实验. 北京：清华大学出版社，2011.
[5]　仲志强. 大学物理实验. 南京：南京大学出版社，2009.
[6]　曹惠贤. 普通物理实验. 北京：北京师范大学出版社，2007.
[7]　吴振森. 综合设计性物理实验. 西安：西安电子科技大学出版社，2007.
[8]　沈元华. 设计性研究性物理实验教程. 上海：复旦大学出版社，2004.
[9]　高谭华. 大学物理实验. 上海：同济大学出版社，2009.
[10]　王小平. 大学物理实验. 北京：机械工业出版社，2009.